全国技工院校机械类专业通用（高级技能层级）

机械制造工艺与装备（第三版）习题册

崔兆华　编

中国劳动社会保障出版社

内容简介

本习题册是全国技工院校机械类专业通用教材（高级技能层级）《机械制造工艺与装备（第三版）》的配套用书。本习题册紧扣教学要求，按照教材章节顺序编排，知识点分布均衡，题型丰富多样，难易配置适当，有助于学生复习巩固所学知识。

本习题册由崔兆华独立编写。

图书在版编目（CIP）数据

机械制造工艺与装备（第三版）习题册 / 崔兆华编. -- 北京：中国劳动社会保障出版社，2020

全国技工院校机械类专业通用. 高级技能层级

ISBN 978-7-5167-4292-1

Ⅰ. ①机… Ⅱ. ①崔… Ⅲ. ①机械制造工艺 - 高等职业教育 - 习题集 Ⅳ. ① TH16-44

中国版本图书馆 CIP 数据核字（2019）第 284140 号

中国劳动社会保障出版社出版发行

（北京市惠新东街 1 号　邮政编码：100029）

*

三河市华骏印务包装有限公司印刷装订　新华书店经销

787 毫米 ×1092 毫米　16 开本　7.25 印张　172 千字

2020 年 2 月第 1 版　2020 年 2 月第 1 次印刷

定价：13.00 元

读者服务部电话：（010）64929211/84209101/64921644

营销中心电话：（010）64962347

出版社网址：http ://www.class.com.cn

http ://jg.class.com.cn

目　录

第一章　机械加工工艺规程

§1—1　基 本 概 念

一、填空题（将正确答案填写在横线上）

1. 机械加工工艺规程是规定产品或零部件机械加工__________和__________等的工艺文件。

2. 机械加工车间中采用机械加工的方法，直接改变毛坯的__________、尺寸和表面质量等，使其成为__________的过程称为机械加工工艺过程。

3. 机械加工工艺过程由一个或若干个顺序排列的工序组成，而工序又由__________、__________、__________和__________组成。

4. 工件在加工前，确定工件在机床上或夹具中占有__________位置的过程称为定位。

5. 工件定位后将其固定，使其在加工过程中保持__________位置不变的操作称为夹紧。

6. 工件经一次装夹后所完成的那一部分工序称为__________。

7. 划分工步的依据是__________、__________和__________是否变化。

8. 在一个工步内，若被加工表面需切除的余量较大，可分几次切削，每次切削称为一次__________。

9. 企业在计划期内应当生产的产品产量和进度计划称为生产钢领。计划期通常为一年，所以生产纲领也称为__________。

10. 在机械制造中，按照企业（或车间、工段、班组、工作地）生产专业化程度，一般可分为__________生产、__________生产和__________生产三种类型。

11. 按批量的多少，成批生产又可分为__________、__________和__________生产三种。

12. 机械加工工艺卡片以__________为单元，详细说明产品（或零部件）在某一工艺阶段中的工序号、工序名称、工序内容、__________、操作要求以及采用的设备和工艺装备等。

二、判断题（正确的，在括号内打“√”；错误的，在括号内打“×”）

1. 划分工序的依据是工作地是否发生变化和工作是否连续。（　　）

2. 在一道工序中工件只能安装一次。（　　）

3. 工件在加工过程中应尽量减少安装次数，因为多一次安装就会增加安装时间，还会增大装夹误差。（　　）

4. 采用多工位加工方法，可以减少工件的装夹次数，提高加工精度和生产效率。（　　）

5．在工艺中，小批生产和单件生产相似，常合称为单件、小批量生产。（　　）

6．成批生产一般不使用专用夹具。（　　）

三、选择题（将正确答案的代号填写在括号内）

1．在机械加工中直接改变工件的形状、尺寸和表面质量，使之成为所需零件的过程称为（　　）。

A．生产过程　　B．工艺过程

C．工艺规程　　D．机械加工工艺过程

2．构成工序的要素是（　　）。

A．工作地点和工人　　B．工人和零件

C．工人、零件和连续作业　　D．工作地点、工人、零件和连续作业

3．在同一道工序中工件每定位和夹紧一次所完成的那部分工序内容是（　　）。

A．工序　　B．安装　　C．工位　　D．工步

4．生产效率最高的生产类型是（　　）。

A．单件生产　　B．成批生产　　C．中批生产　　D．大量生产

四、名词解释

1．生产过程

2．工艺过程

3．工序

4．工步

5．生产纲领

6．装夹

五、简答题

1．对机械制造而言，生产过程一般包括哪些内容？

2．什么是机械加工工艺过程卡片？它主要包括哪些内容？

3．什么是机械加工工序卡片？它主要包括哪些内容？

六、应用题

一夹一顶车削图 1–1 所示的台阶轴工件一端外圆，加工内容如下：车 ϕ32 mm 外圆，长 71 mm；车 ϕ29 mm 外圆，长 56 mm；车 ϕ26 mm 外圆，长 33 mm。各外圆均一刀完成。试问：该工件的加工有几道工序？几个安装？几个工位？几个工步？

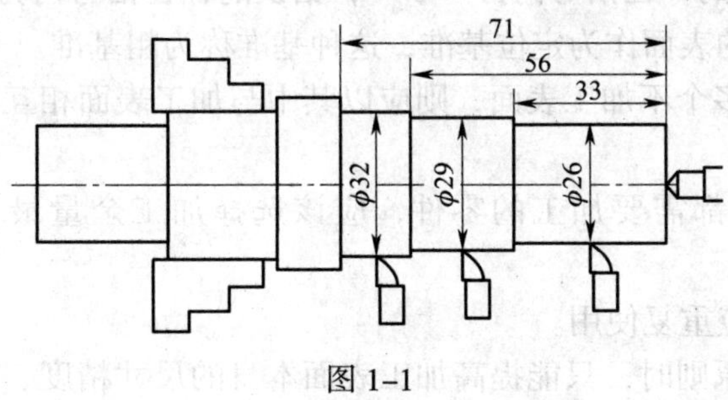

图 1–1

§1—2　基准的选择

一、填空题（将正确答案填写在横线上）

1. 根据功用不同，基准可分为__________基准和__________基准两大类。

2. 按其作用不同，工艺基准可分为__________基准、__________基准、__________基准和__________基准。

3. 定位基准用来确定工件在机床上或夹具中的__________位置。

4. 在使用夹具时，其定位基准就是工件与夹具定位组件相接触的__________、__________、__________。

5. 测量时所采用的基准称为__________基准。

6. 定位基准分为__________基准和__________基准。

7. 选择粗基准时，必须达到以下两个基本要求：其一，要保证所有加工表面都有足够的__________；其二，应保证工件加工表面和不加工表面之间有一定的__________。

8. 为保证重要表面的加工余量均匀，应选择__________加工面为粗基准。

9. 选择精基准考虑的重点是如何保证工件的__________精度，并使工件装夹准确、可靠、方便，以及夹具结构简单。

10. 采用基准重合原则可以避免由__________基准与__________基准不重合而引起的定位误差。

11. 同一零件的多道工序尽可能选择同一个定位基准，称为__________原则。

12. 为使各加工表面之间具有较高的位置精度，或为使加工表面具有均匀的加工余量，可采取两个加工表面互为基准反复加工的方法，称为__________原则。

二、判断题（正确的，在括号内打“√”；错误的，在括号内打“×”）

1. 采用已加工过的表面作为定位基准，这种基准称为粗基准。（　　）

2. 如果零件上有多个不加工表面，则应以其中与加工表面相互位置精度要求高的不加工表面为粗基准。（　　）

3. 对于全部表面都需要加工的零件，应该选择加工余量最大的表面作为粗基准。（　　）

4. 粗基准一般不应重复使用。（　　）

5. 采用自为基准原则时，只能提高加工表面本身的尺寸精度、形状精度，而不能提高加工表面的位置精度。（　　）

6. 粗加工时所用的定位基准称为粗基准，精加工时所用的定位基准称为精基准。（　　）

7. 轴类零件常使用其外圆表面作为统一精基准。（　　）

8. 定位基准只允许使用一次，不准重复使用。（　　）

三、选择题（将正确答案的代号填写在括号内）

1. 在选择粗基准时，为保证加工表面与不加工表面的位置关系，应选（　　）作为粗基准。

A．不加工表面　　　　　　　　　　B．加工表面

C．不加工表面和加工表面　　　　　D．不加工表面或加工表面

2．对于全部表面均需加工的零件，其粗基准表面的选择条件是（　　）。

A．加工余量最小的　　　　　　　　B．外形尺寸大的

C．尺寸精度要求高的　　　　　　　D．表面粗糙度值小的

3．用心轴装夹加工图 1–2 中的尺寸（40 ± 0.1）mm，为保证要求应用（　　）作为轴向定位基准。

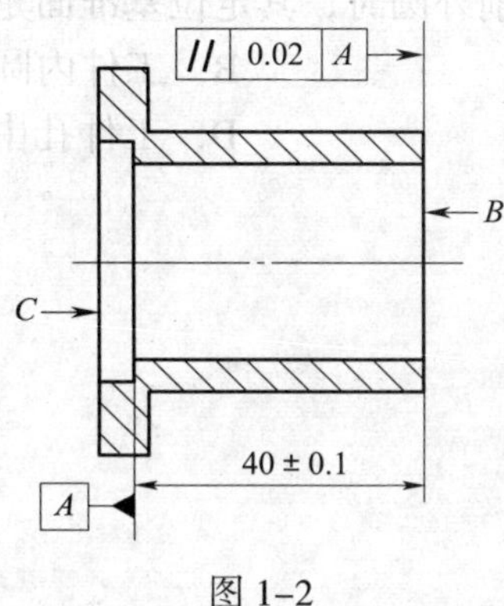

图 1–2

A．*A* 面　　　　B．*B* 面　　　　C．*C* 面　　　　D．轴肩面

4．对于研磨、铰孔等精加工或光整加工工序，要求余量小而均匀，选择加工表面本身作为定位基准，称为（　　）原则。

A．基准重合　　B．基准统一　　C．互为基准　　D．自为基准

5．车床主轴轴颈和锥孔的同轴度要求很高，因此，常采用（　　）方法来保证。

A．基准重合　　B．互为基准　　C．自为基准　　D．基准统一

6．在磨一个轴套时，先以内孔为基准磨外圆，再以外圆为基准磨内孔，这是遵循（　　）的原则。

A．基准重合加工　　B．基准统一加工　　C．互为基准加工　　D．不同基准加工

7．选择精基准时，有时可设法在零件上专门加工一组供工艺定位用的辅助基准，以（　　）。

A．符合基准重合加工原则　　B．便于互为基准加工　　C．便于统一基准加工

D．使定位准确，夹紧可靠，夹具结构简单，工件安装方便

8．自为基准是以加工面本身为精基准，多用于精加工或光整加工工序，这种加工方法（　　）。

A．仅能保证加工面的形状精度

B．仅能保证加工面的位置精度

C．能保证加工面的尺寸精度和形状精度

D．能保证加工面的形状精度和位置精度

9．采用（　　）加工，可以提高生产效率和保证被加工表面间的相互位置精度。

A．统一基准　　B．多工位　　C．基准重合　　D．互为基准

10．不能提高零件被加工表面位置精度的是（　　）。

A．基准重合原则　B．基准统一原则　C．自为基准原则　D．基准不变原则

11．下列选项中关于粗基准选择的叙述正确的是（　　）。

A．若粗基准选得合适，可重复使用

B．为保证工件重要加工表面的加工余量小而均匀，应以该重要加工表面作为粗基准

C．选加工余量最大的表面作为粗基准

D．粗基准的选择应尽可能使加工表面的金属切除量总和最大

12．套类零件以心轴定位车削外圆时，其定位基准面是（　　）。

A．心轴外圆柱面　　B．工件内圆柱面

C．心轴中心线　　D．工件孔中心线

四、名词解释

1．基准

2．设计基准

3．工艺基准

4．装配基准

5．工序基准

6．粗基准

7．基准重合原则

五、简答题

1．粗基准选择的原则有哪些？

2．精基准选择的原则有哪些？

六、应用题

1．加工图 1–3 所示齿轮（毛坯为模锻件）时，如何选择粗、精基准？试简要说明理由。

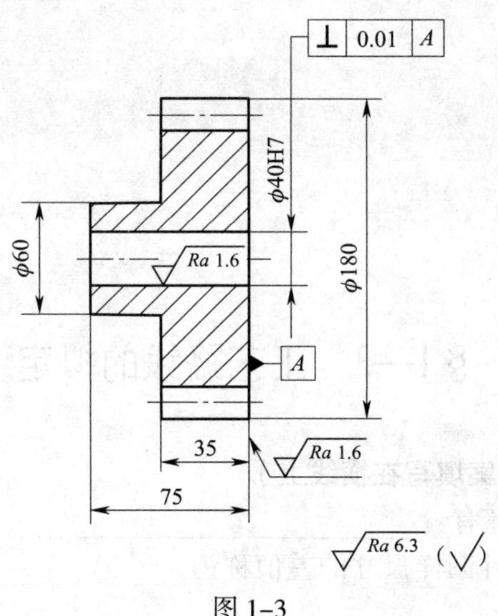

图 1–3

2．加工图 1-4 所示支架（毛坯为铸件）时，如何选择粗、精基准？试简要说明理由。

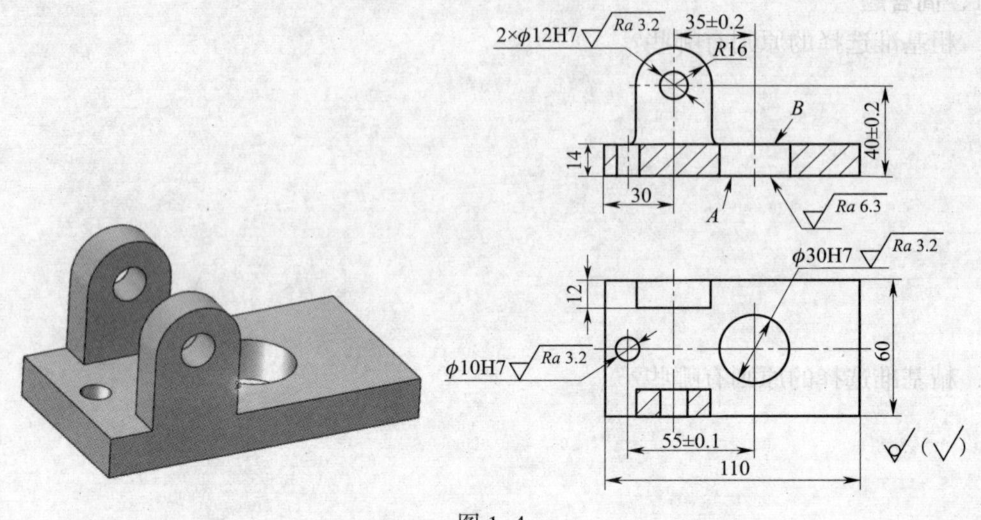

图 1-4

§1—3　工艺路线的拟定

一、填空题（将正确答案填写在横线上）

1．机械加工常用的毛坯有____________、____________和型材等。

2．毛坯制造尺寸与零件图样尺寸的差值称为____________，毛坯制造尺寸的公差称为____________。

3．外圆表面的主要加工方法是____________和____________。

4．内孔表面加工方法有________孔、________孔、________孔、镗孔、拉孔、磨孔和光整加工。

5．平面的主要加工方法有____________、____________、____________、磨削和拉削等，精度要求高的平面还需要经研磨或刮削加工。

6. 平面轮廓常用的加工方法有＿＿＿＿＿＿、线切割及磨削等。

7. 零件的加工过程通常按工序性质不同，分为＿＿＿、＿＿＿和精加工三个阶段。有时在精加工之后还有专门的＿＿＿＿＿＿＿＿阶段。

8. 粗加工阶段的任务是＿＿＿＿＿＿＿＿＿＿＿＿＿＿＿＿＿＿＿，使毛坯在形状和尺寸上接近零件成品。

9. 精加工的任务是保证主要加工表面达到图样规定的＿＿＿＿＿＿和＿＿＿＿＿＿要求。

10. 加工精密主轴时，在粗加工后一般要安排＿＿＿＿＿＿＿，半精加工后进行＿＿＿＿＿，在精加工后进行冷处理及低温回火，最后再进行光整加工。

11. 大批量生产时，若使用多刀、多轴等高效机床，可按＿＿＿＿＿原则划分；若在组合机床组成的自动线上加工，可按＿＿＿＿＿＿原则划分。

12. 预备热处理安排在＿＿＿＿＿＿之前，其目的是改善材料的切削加工性能，消除毛坯应力，细化晶粒，均匀组织。

13. 常用消除残余应力的处理方法有＿＿＿＿＿＿处理和＿＿＿＿＿＿处理。

14. 最终热处理的目的是提高零件的＿＿＿＿＿＿、＿＿＿＿＿＿和耐磨性等。

15. 最终热处理一般安排在＿＿＿＿＿＿之前进行。

16. 辅助工序主要包括＿＿＿＿＿＿、＿＿＿＿＿＿、去毛刺、去磁、倒钝锐边、涂防锈油和平衡等。

17. 对于切削加工而言，基本时间是指切除材料所消耗的机动时间，包括真正用于＿＿＿＿＿＿＿＿的时间以及切入与切出时间。

18. 辅助时间是指为实现工艺过程所必须进行的各种＿＿＿＿＿＿所消耗的时间。

19. 基本时间和辅助时间的总和称为＿＿＿＿＿＿时间，它是直接用于制造产品或零部件所消耗的时间。

二、判断题（正确的，在括号内打"√"；错误的，在括号内打"×"）

1. 铸铁和青铜零件一般选用锻造毛坯。（　）

2. 荒加工的任务是及时发现毛坯的缺陷，使不合格的毛坯不进入机械加工车间。（　）

3. 精加工阶段的主要问题是如何获得高的生产效率。（　）

4. 粗加工阶段主要考虑的问题是获得较高的加工精度和表面质量。（　）

5. 光整加工的主要目的是提高尺寸精度，减小表面粗糙度值，但一般不用来提高位置精度。（　）

6. 对于尺寸大的重型零件，一般采用工序分散的原则划分工序。（　）

7. 若零件的位置精度要求较高，则采用工序集中的原则，可以在一次装夹中加工，以保证较高的位置精度。（　）

8. 任何零件的加工过程，总是首先对定位基准面进行粗加工和半精加工，必要时还要进行精加工。（　）

9. 对箱体类、支架类、机体类等零件，平面轮廓尺寸较大，用平面定位比较稳定可靠，故一般先加工平面，再加工孔和其他尺寸。（　）

10. 消除残余应力热处理最好安排在粗加工之后精加工之前进行。（　）

11. 单件、小批量生产应尽量选用专用夹具，大批量生产应尽量采用通用夹具。（　）

12. 单件、小批量生产应尽量采用通用量具，大批量生产应尽量采用各种量规和一些高效的专用检具。

三、选择题（将正确答案的代号填写在括号内）

1. 精加工外圆主要使用的加工方法是（　　）。

A. 车削　　B. 铣削　　C. 刨削　　D. 磨削

2. 使每个工序中包括尽可能多的工步内容，因而使总的工序数目减少，夹具的数目和工件安装次数也相应减少，叫作（　）。

A. 工序集中　　B. 工序分散　　C. 工步集中　　D. 工步分散

3. 对零件上精度和表面质量要求很高的表面，需进行（　　），其主要目的是提高尺寸精度，减小表面粗糙度值。

A. 粗加工　　B. 半精加工　　C. 精加工　　D. 光整加工

4. 在零件加工中，去毛刺、清洗、退磁、涂防锈油属于（　）工序。

A. 热处理　　B. 辅助　　C. 检验　　D. 起始

5. 轴类零件的加工余量主要靠（　　）方法去除。

A. 车削　　B. 铣削　　C. 钻削　　D. 刨削

6. 对于刚度低、精度高的零件，应按（　　）原则划分工序。

A. 工序集中　　B. 工序分散　　C. 工步分散　　D. 工步集中

7. 对于既要铣面又要镗孔的零件应（　　）。

A. 先镗孔后铣面　　B. 先铣面后镗孔

C. 同时进行　　D. 无所谓

8. 零件的（　）要求很高时才需要进行光整加工。

A. 位置精度　　B. 尺寸精度和表面质量

C. 尺寸精度　　D. 表面质量

9. 成批生产时通常（　）划分工序。

A. 采用分散原则　　B. 采用集中原则

C. 视具体情况　　D. 随便

10. 最终热处理一般安排在（　）。

A. 粗加工前　　B. 粗加工后

C. 精加工后　　D. 精加工前

11. 最终工序为车削的加工方案一般不适用于加工（　　）。

A. 淬火钢　　B. 未淬火钢　　C. 有色金属　　D. 铸铁

12. 加工内容不多的工件，通常按（　）划分工序。

A. 所用刀具　　B. 安装次数　　C. 粗、精加工　　D. 加工部位

13. 加工表面多而复杂的零件，通常按（　　）划分工序。

A. 所用刀具　　B. 安装次数　　C. 加工部位　　D. 粗、精加工

14. 在下列选项中切削加工工序安排原则正确的是（　　）。

A. 先孔后面　　B. 先次后主　　C. 先主后次　　D. 先远后近

15. 在下列平面加工方案中，加工精度最高、表面粗糙度值最小的为（　　）。

A. 粗车—半精车—精车　　B. 粗刨—精刨—刮研

C. 粗铣—精铣—磨削—研磨　　D. 粗铣—精铣—刮研

四、名词解释

1．工序集中

2．工序分散

3．时间定额

五、简答题

1．影响表面加工方法的因素有哪些？

2．划分加工阶段的目的是什么？

3．加工工序的安排一般应遵循哪些原则？

4．单件时间定额包括哪些时间？

§1—4　加工余量的确定

一、填空题（将正确答案填写在横线上）

1. 加工余量是指加工过程中所切去的金属层厚度。余量有____________和____________之分。

2. 相邻两工序的工序尺寸之差是____________；毛坯尺寸与零件图的设计尺寸之差是____________。

3. 由于工序尺寸有公差，实际切除的余量是一个变值，因此，工序余量分为__________余量、__________余量和__________余量。

4. 为了便于加工，工序尺寸的公差一般按__________原则标注，即被包容面的工序尺寸取__________极限偏差为零；包容面的工序尺寸取__________极限偏差为零；毛坯尺寸的公差一般采取__________分布。

5. 加工余量有单边余量和双边余量之分，平面的加工余量则指__________余量。

6. 确定加工余量的方法有__________、__________、分析计算法等。

7. 根据加工余量计算公式和一定的试验资料，对影响加工余量的各项因素进行综合分析和计算来确定加工余量的方法称为__________。

二、判断题（正确的，在括号内打“√”；错误的，在括号内打“×”）

1. 粗加工工序的加工余量用查表法确定。（　　）

2. 加工总余量是毛坯尺寸与零件图的设计尺寸之差，等于各工序余量之和。（　　）

3. 在确定加工余量时，总加工余量和工序余量要分别确定。（　　）

4. 以生产实践和试验研究积累的有关加工余量的资料数据为基础，结合实际加工情况修正来确定加工余量的方法称为经验估算法。（　　）

5. 在保证加工精度和加工质量的前提下，余量越大越好。（　　）

三、选择题（将正确答案的代号填写在括号内）

1. 工序余量是（　　）。

A. 相邻两工序尺寸之差　　B. 加工过程中所切除的金属层厚度

C. 毛坯尺寸与零件图设计尺寸之和　　D. 机械加工中切下的金属层厚度

2. 单件、小批量生产时确定加工余量的方法是（　　）。

A. 查表修正法　　B. 经验估算法　　C. 分析计算法　　D. 对比法

3. 回转体表面的加工余量是（　　）。

A. 对称余量　　B. 单边余量　　C. 工序余量　　D. 双边余量

4. 下列选项中关于加工余量解释错误的是（　　）。

A. 加工余量是相邻两工序的工序尺寸之差

B. 加工余量是指加工过程中所切除的金属层厚度

C. 加工总余量是毛坯尺寸与零件图的设计尺寸之差

D. 加工总余量等于各工序余量之和

5．毛坯尺寸的公差一般按（　　）标注。

A．双向对称分布　　B．上极限偏差为零

C．下极限偏差为零　　D．任何方式

四、名词解释

1．加工余量

2．工序余量

3．加工总余量

五、简答题

1．影响加工余量大小的因素有哪些?

2．确定加工余量的方法有哪些?

3．确定加工余量的原则有哪些?

§1—5 工序尺寸及其公差的确定

一、填空题（将正确答案填写在横线上）

1. 最后一道工序的公差按零件图上设计尺寸标注，中间工序尺寸公差按__________原则标注，毛坯尺寸公差按__________标注。

2. 最终工序公称尺寸等于零件图上的__________尺寸，其余工序公称尺寸等于后道工序公称尺寸加上或减去__________。

3. 在机器装配或零件加工过程中，互相联系且按一定顺序排列的封闭尺寸组合称为__________。

4. 由单个零件在加工过程中的各有关工艺尺寸所组成的尺寸链称为__________。

5. 工艺尺寸链具有__________和__________两个特征。

6. 工艺尺寸链中间接得到的尺寸称为__________。它的尺寸随着其他环的变化而变化。

7. 工艺尺寸链中除封闭环以外的其他环称为__________。根据其对封闭环的影响不同，组成环又可分为__________和__________。

8. 增环是当其他组成环不变时，该环增大（或减小）使封闭环随之__________的组成环。

9. 减环是当其他组成环不变时，该环增大（或减小）使封闭环随之__________的组成环。

10. 封闭环的确定取决于__________和__________。

11. 工艺尺寸链的计算方法有__________和概率法两种。生产中一般多采用__________。

12. 封闭环的公称尺寸等于所有________环的公称尺寸之和减去所有________环的公称尺寸之和。

13. 封闭环的最大极限尺寸等于所有增环的__________尺寸之和减去所有减环的__________尺寸之和。

14. 封闭环的最小极限尺寸等于所有增环的__________尺寸之和减去所有减环的__________尺寸之和。

15. 封闭环的公差等于所有__________环的公差之和。

16. 角度尺寸链的解法是将与封闭环不平行的尺寸按__________环的方向进行投影，使之成为直线尺寸链的形式。

二、判断题（正确的，在括号内打“√”；错误的，在括号内打“×”）

1. 工序尺寸及其公差的确定仅取决于设计尺寸、加工余量及各工序所能达到的经济精度，与其他条件无关。（　）

2. 当工序基准、测量基准、定位基准或编程原点与设计基准重合时，工序尺寸及其公差直接由各工序的加工余量和所能达到的精度确定，其计算方法是由最后一道工序开始向

前推算。 ( )

3．一个工艺尺寸链中只有一个封闭环。 ( )

4．一个工艺尺寸链中至少应有三个环。 ( )

5．减环是当其他组成环不变，该环减小使封闭环随之减小的组成环。 ( )

6．封闭环的最小极限尺寸等于所有增环的最大极限尺寸之和减去所有减环的最小极限尺寸之和。 ( )

7．当组成尺寸链的尺寸较多时，一条尺寸链中封闭环可以有两个或两个以上。( )

8．组成环是指尺寸链中对封闭环没有影响的全部环。 ( )

9．在尺寸链中，当其他组成环尺寸不变时，增环尺寸增大，封闭环尺寸增大。( )

10．封闭环公称尺寸等于各组成环公称尺寸的代数和。 ( )

11．封闭环的公差值一定大于任何一个组成环的公差值。 ( )

12．当所有增环为最大极限尺寸时，封闭环获得最大极限尺寸。 ( )

13．要提高封闭环的精确度，就要增大各组成环的公差值。 ( )

14．用完全互换法解尺寸链能保证零部件的完全互换性。 ( )

15．尺寸链按其尺寸性质可分为线性尺寸链和角度尺寸链。 ( )

三、选择题（将正确答案的代号填写在括号内）

1．如图 1–5 所示的尺寸链中属于增环的有（ ）。

A．A_1　B．A_2　C．A_3

D．A_4　E．A_5

2．如图 1–5 所示的尺寸链中属于减环的有（ ）。

A．A_1　B．A_2　C．A_3

D．A_4　E．A_5

3．如图 1–6 所示的尺寸链中属于减环的有（ ）。

A．A_1　B．A_2　C．A_3

D．A_4　E．A_5

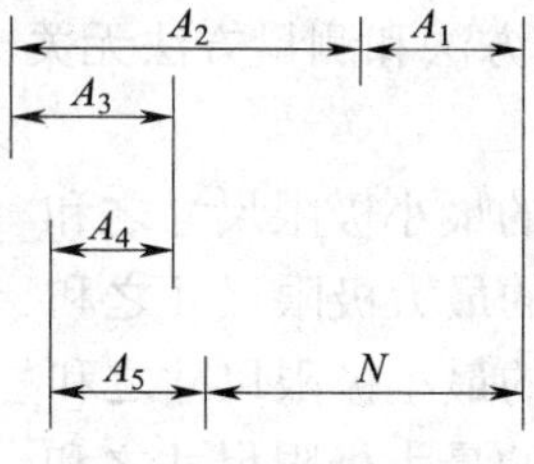

图 1–5

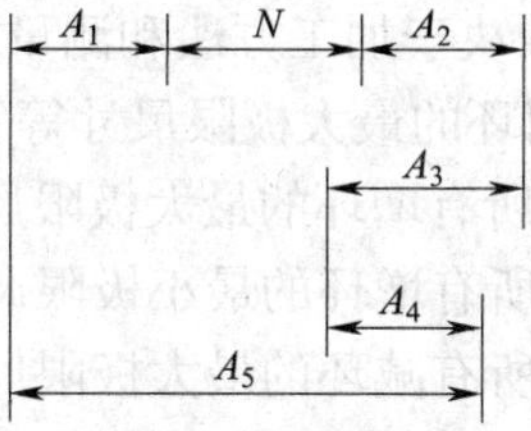

图 1–6

4．关于尺寸链封闭环的确定，下列选项中叙述正确的有（ ）。

A．图样中未注尺寸的那一环即封闭环

B．在装配过程中最后形成的一环即封闭环

C．精度最高的那一环即封闭环

D．在零件加工过程中最后形成的一环即封闭环

E．尺寸链中需要求解的那一环即封闭环

5．如图 1–7 所示的尺寸链，封闭环 N 合格的尺寸有（　　）mm。

A．6.10　　B．5.90　　C．5.10

D．5.70　　E．6.20

6．如图 1–8 所示的尺寸链，封闭环 N 合格的尺寸有（　　）mm。

A．25.05　　B．19.75　　C．20.00

D．19.50　　E．20.10

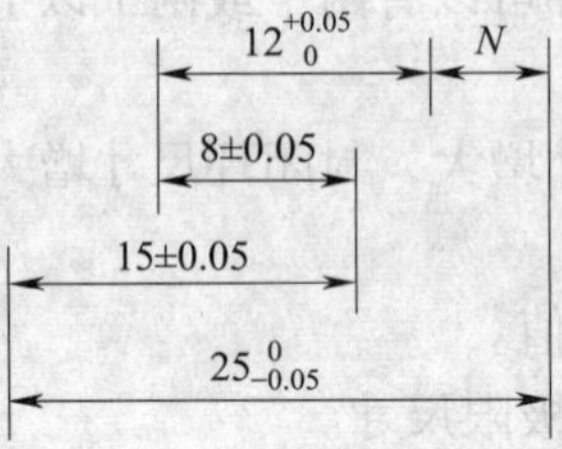

$12^{+0.05}_{0}$　N　8±0.05　15±0.05　$25^{0}_{-0.05}$

图 1–7

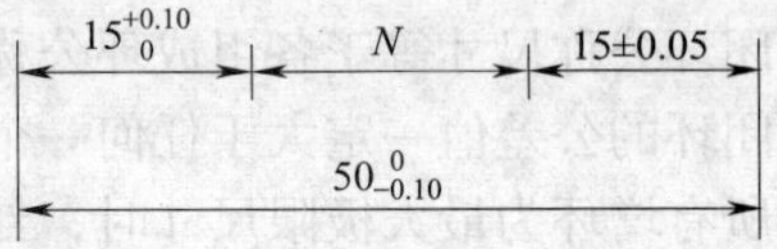

$15^{+0.10}_{0}$　N　15±0.05　$50^{0}_{-0.10}$

图 1–8

7．在尺寸链计算中，下列叙述正确的有（　　）。

A．封闭环是根据尺寸是否重要确定的

B．零件中最易加工的那一环即封闭环

C．封闭环是零件加工中最后形成的那一环

D．增环、减环都是最大极限尺寸时，封闭环的尺寸最小

E．用极值法解尺寸链时，如果共有五个组成环，除封闭环外，其余各环公差均为 0.10 mm，则封闭环公差要达到 0.40 mm 以下是不可能的

8．最终工序尺寸公差（　　）。

A．等于零件图上设计尺寸公差　　B．与上道工序公差有关

C．按双向对称分布标注　　D．与零件图上设计尺寸公差无关

9．封闭环的确定（　　）。

A．取决于零件图中最精确的尺寸　　B．取决于尺寸是否重要

C．取决于加工方法和测量方法　　D．与加工方法和测量方法无关

10．封闭环的最大极限尺寸等于（　　）。

A．所有增环的最大极限尺寸之和减去所有减环的最小极限尺寸之和

B．所有增环的最小极限尺寸之和减去所有减环的最大极限尺寸之和

C．所有减环的最大极限尺寸之和减去所有增环的最小极限尺寸之和

D．所有减环的最小极限尺寸之和减去所有增环的最大极限尺寸之和

11．尺寸链中的每个尺寸称为尺寸链的（　　）。

A．环　　B．增环　　C．减环　　D．封闭环

12．尺寸链中各增环公称尺寸之和减去各减环公称尺寸之和等于（　　）。

A．封闭环公称尺寸　　B．封闭环最大值

C．封闭环最小值　　D．封闭环公差

13．封闭环的公差（　　）各组成环的公差。

A．大于　　B．大于或等于　　C．小于　　D．小于或等于

14. 基准不重合误差由前后（　　）不同而引起。

A. 设计基准　　B. 环境温度　　C. 工序基准　　D. 几何误差

15. 封闭环是在装配或加工过程的最后阶段自然形成的（　　）个环。

A. 三　　B. 一　　C. 两　　D. 多

16.（　　）重合时，定位尺寸即工序尺寸。

A. 设计基准与工序基准　　B. 定位基准与设计基准

C. 定位基准与工序基准　　D. 测量基准与设计基准

17. 封闭环的下极限偏差等于各增环的下极限偏差（　　）各减环的上极限偏差之和。

A. 之差加上　　B. 之和减去　　C. 加上　　D. 之积加上

18. 一个批量生产的零件存在设计基准和定位基准不重合的现象，该工件在批量生产时（　　）。

A. 可以通过首件加工和调整使整批零件加工合格

B. 不可能加工出合格的零件

C. 不影响加工质量

D. 加工质量不稳定

四、名词解释

1. 尺寸链

2. 封闭环

3. 组成环

4. 增环

5. 减环

五、简答题

1. 基准重合时确定工序尺寸及其公差的具体步骤有哪些？

2. 什么是工艺尺寸链？工艺尺寸链具有哪两个特征？

六、计算题

1. 如图 1–9 所示零件中，图 1–9a 为零件图的部分要求，图 1–9b 为铣槽工序图（其他表面均已加工完毕），试求工序尺寸 H 为多少？

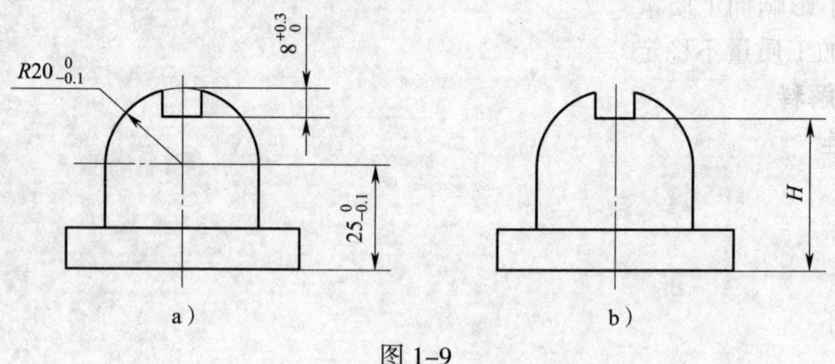

图 1–9

2. 图 1-10a 所示为某零件的轴向尺寸要求，图 1-10b、c 为最后两道工序的工序图，试标注尺寸 L_1、L_2 和 L_3。

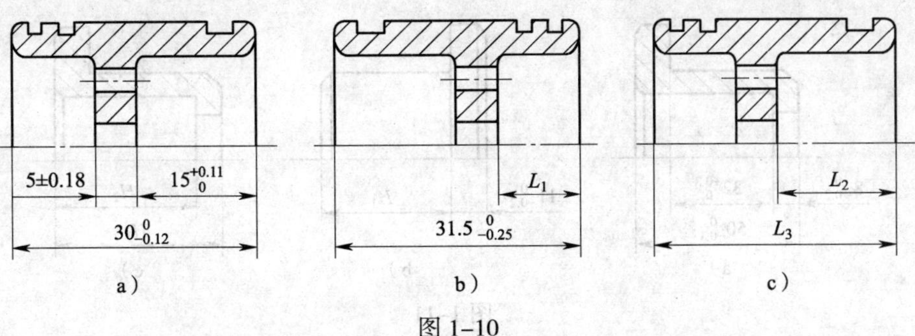

图 1-10

3. 如图 1–11 所示，图 1–11a 为零件的部分要求，图 1–11b、c 为工艺过程中最后两道工序，试确定 H_1、H_2 和 H_3 的数值。

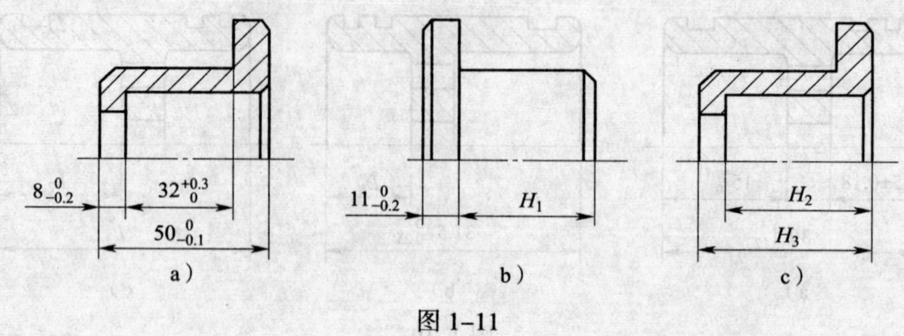

图 1–11

4. 如图 1-12 所示零件中 $A_1=70_{-0.07}^{-0.02}$ mm，$A_2=60_{-0.04}^{0}$ mm，$A_3=20_{0}^{+0.09}$ mm。因 A_3 不便于测量，试求出测量尺寸 A_4 及其公差。

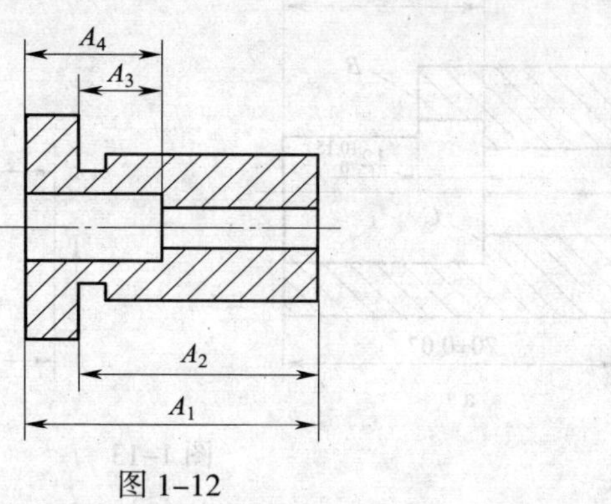

图 1-12

5. 如图 1–13 所示的套筒，以端面 A 定位加工缺口时，试计算尺寸 A_3 及其公差。

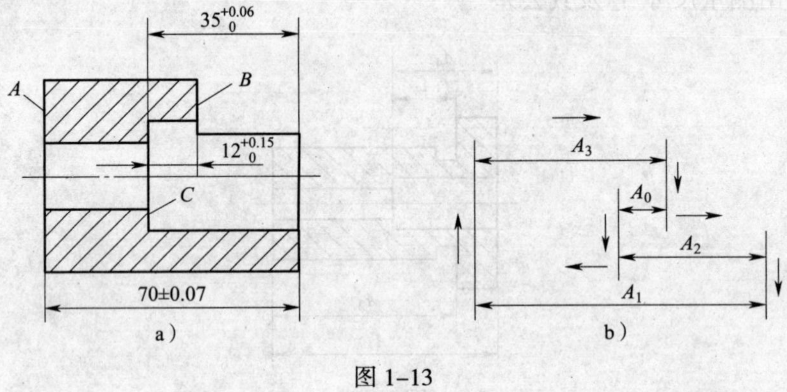

图 1–13

§1—6　制定机械加工工艺规程的实例

应用题

一、加工图 1-14 所示的轴承套，其中 $\phi30^{+0.021}_{0}$ mm 内孔的加工方案为粗车—半精车—粗磨—精磨，试确定各工序余量、加工余量、各工序尺寸及其公差。

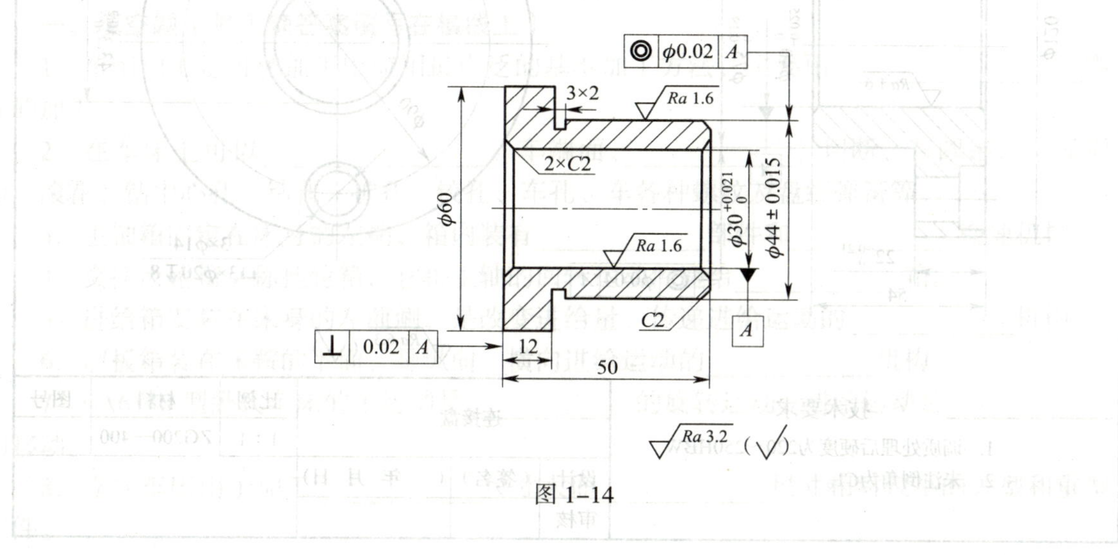

图 1-14

二、生产 200 件图 1–15 所示的连接盘，试分析其加工工艺。

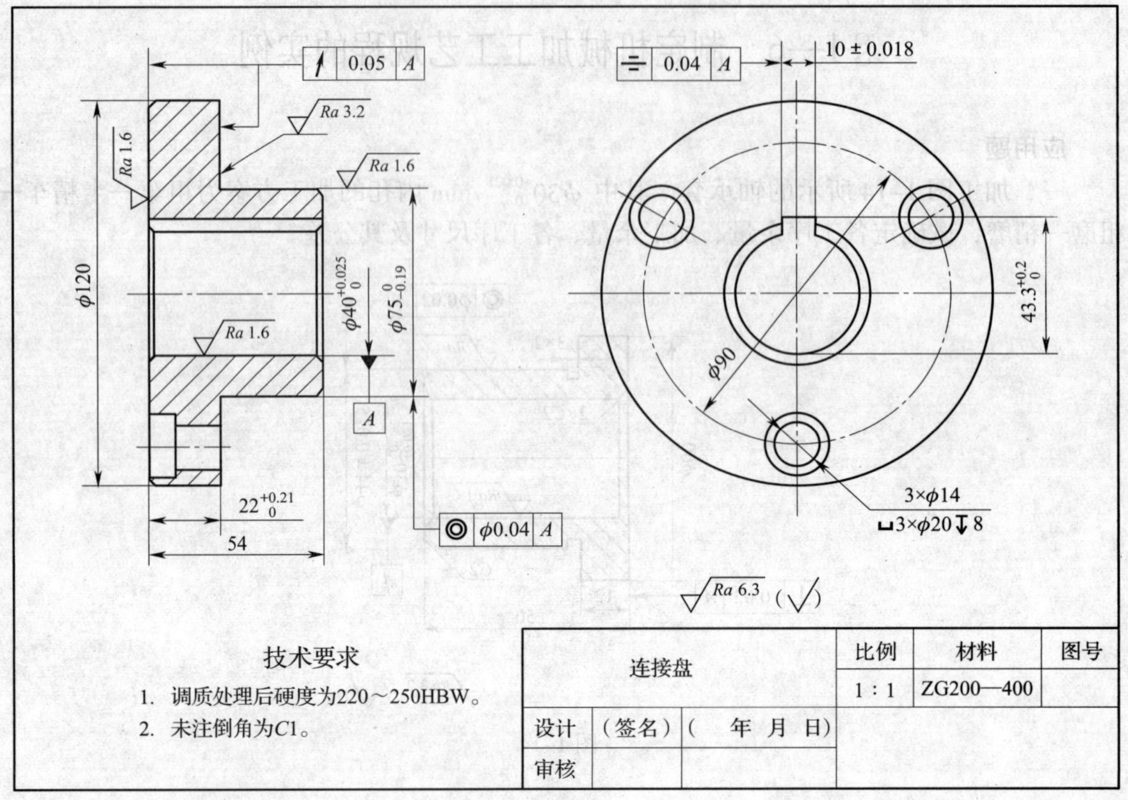

图 1–15

第二章　车削工艺与装备

§2—1　车削加工工艺装备

一、填空题（将正确答案填写在横线上）

1．车削加工是机械加工中应用最广泛的基本加工方法，主要用于__________零件的加工。

2．在车床上可以__________、车端面、__________、切断、车圆锥、车成形面、滚花、钻中心孔、钻孔、扩孔、铰孔、车孔、车各种螺纹及盘绕弹簧等。

3．主轴箱固定在床身的左端，箱内装有__________部件和__________变速机构。

4．交换齿轮箱又称挂轮箱，它将主轴的回转运动传递给__________箱。

5．进给箱安装在床身的左前侧，是改变进给量、传递进给运动的__________机构。

6．溜板箱装在床鞍的下面，是纵向、横向进给运动的__________机构。

7．CA6140 型卧式车床的主运动是__________的旋转运动，进给运动是__________的移动。

8．立式车床用于加工__________尺寸大而__________尺寸相对较小的大型和重型工件。

9．立式车床分__________式和__________式两种，前者加工零件的直径较小，后者加工零件的直径较大。

10．车刀的切削部分由“三面两刃一尖”组成，“三面”是指__________、__________、__________，“两刃”是指__________、__________，“一尖”是指__________。

11．主切削刃是指__________面与__________面相交的部位，担负主要切削工作。

12．用于定义刀具设计、制造、刃磨和测量时几何参数的参考系称为刀具__________参考系；规定刀具进行切削加工时几何参数的参考系称为刀具__________参考系。

13．刀具静止参考系的主要基准坐标平面有__________、假定工作平面 p_f、主切削平面 p_s、副切削平面 p_s'、__________。

14．前角是指前面与__________面的夹角，在正交平面中测量。前角表示刀具__________面的倾斜程度，它可以是正值、负值或零。

15．后角是指后面与__________平面的夹角，在正交平面中测量。

16．主偏角是指__________平面与假定工作平面间的夹角，在基面中测量。

17．车刀的切削性能、锋利程度及强度主要取决于车刀的__________。

18．后角的作用是减小刀具后面与工件上__________表面之间的摩擦，以提高工件的表面质量，延长刀具寿命。

19．刃倾角的主要作用是控制__________方向。

20．卡盘分为__________卡盘和__________卡盘。__________卡盘特别适合装夹形状不规则的工件。

21．对于一些形状不规则的工件，不能使用三爪自定心卡盘和四爪单动卡盘装夹时，可使用__________进行装夹。

22．通用顶尖按结构不同可分为__________顶尖和__________顶尖。

二、判断题（正确的，在括号内打“√”；错误的，在括号内打“×”）

1．车床主轴内表面为莫氏锥孔，用以安装顶尖。（ ）

2．立式车床用于加工轴向尺寸大而径向尺寸相对较小的工件。（ ）

3．CA6140 型卧式车床的主轴具有 24 级正向转速和 12 级反向转速。（ ）

4．三爪自定心卡盘适合于装夹形状不规则的工件。（ ）

5．四爪单动卡盘装夹工件一般不需要找正，使用方便。（ ）

6．后面是指切屑流出时所流经的刀面。（ ）

7．主后面是指与工件上已加工表面相对的刀面。（ ）

8．正交平面是指通过切削刃某一选定点，并同时垂直于基面和切削平面的平面。（ ）

9．前角表示刀具前面的倾斜程度，它只能为正值，不能为负值或零。（ ）

10．刃倾角是指主切削刃与基面间的夹角。（ ）

11．前角的选择原则是在保证刀具寿命的条件下，尽量选择较小的前角。（ ）

12．在粗加工时以确保刀具强度为主，应取较小的后角。（ ）

13．工件材料硬度高、强度高或者加工脆性材料时取较小的后角；反之，后角可取大值。（ ）

14．粗加工时，为了减振，防崩刃，主偏角取较小值。（ ）

15．一般刀具的副偏角在不引起振动的情况下可选取较小的数值；精加工刀具的副偏角应取得更小些。（ ）

16．精车时，为了避免切屑将已加工表面拉毛，刃倾角应取正值。（ ）

三、选择题（将正确答案的代号填写在括号内）

1．应用最广泛的车床是（ ）。

A．仪表车床 B．卧式车床 C．立式车床 D．自动车床

2．支撑主轴带动工件做旋转运动的是（ ）。

A．主轴箱 B．交换齿轮箱 C．进给箱 D．溜板箱

3．（ ）是进给传动系统的变速机构。

A．主轴箱 B．交换齿轮箱 C．进给箱 D．溜板箱

4．床身是车床的大型基础部件，有两条精度很高的 V 形导轨和（ ）导轨，主要用于支撑和连接车床各部件，并保证各部件在工作时有准确的相对位置。

A．三角形 B．矩形 C．平行四边形 D．梯形

5．刀具上与工件过渡表面相对的刀面称为（ ）。

A．前面 B．主后面 C．副后面 D．待加工表面

6．在基面内测量的基本角度是（ ）。

A．刀尖角 B．刃倾角 C．主后角 D．主偏角

7．副偏角是在（　　）内测量的角度。

A．基面　　B．副切削平面　　C．副正交平面　　D．切削平面

8．刃倾角是（　　）与基面的夹角。

A．前面　　B．切削平面　　C．副切削刃　　D．主切削刃

9．刃倾角为负值时，切屑流向工件的（　　）表面。

A．待加工　　B．已加工　　C．过渡　　D．任意

10．粗加工或断续切削时，为了提高车刀刀头强度，刃倾角最好取（　　）。

A．负值　　B．正值　　C．零值　　D．任意值

四、简答题

1．CA6140 型卧式车床主要由哪些部件组成？

2．车刀的切削部分有哪些基本角度？

3．什么是车刀的主偏角？如何选择车刀的主偏角？

4．什么是车刀的前角？如何选择车刀的前角？

五、应用题

1．在图 2–1 所示图形中标注出车刀的“三面两刃一尖”。

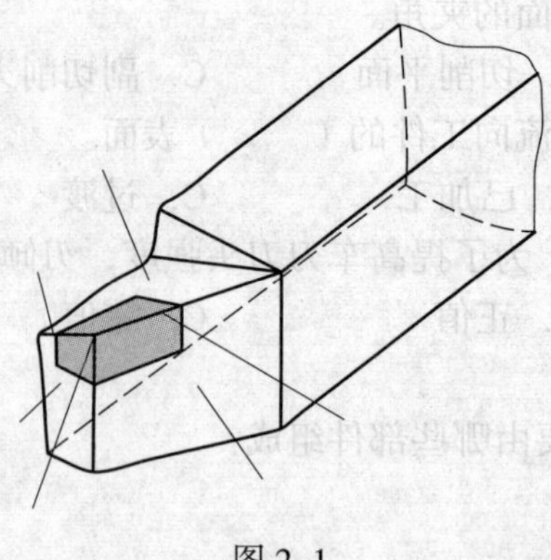

图 2–1

2．在图 2–2 中标注出车刀的前角、后角、主偏角、副偏角和刃倾角。

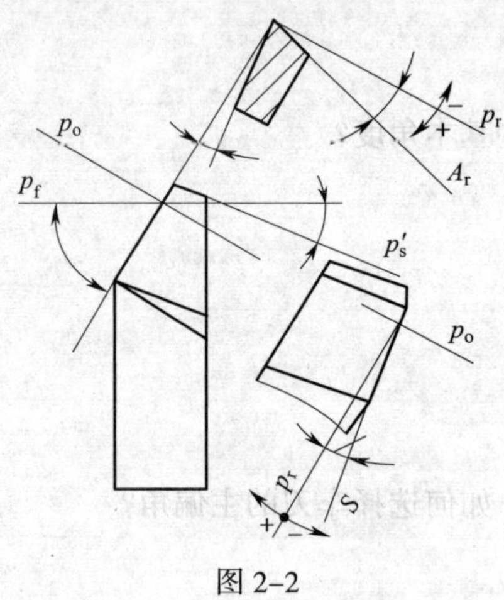

图 2–2

§2—2　车削方法

一、填空题（将正确答案填写在横线上）

1．常用的外圆车刀有______________、__________、____________。

2．根据车刀的几何形状、切削用量及精度要求，外圆车削可分为____________车、________车、________车和精细车。

3．车端面常用的刀具有__________________、______________或________________。

4．锥度计算公式$C=\dfrac{D-d}{L}$中的 C 为__________，D 为__________，d 为____________，L 为______________。

5．用宽刃刀车圆锥面实质上属于____________法车削，即用____________刀具对工件进行加工。

6．成形面的车削方法主要有________________、________________和仿形法。

7．螺纹种类较多，按其牙型特征可分为________________螺纹、________________螺纹、矩形螺纹、锯齿形螺纹等。

8．螺纹车刀按其切削部分材质不同有________________螺纹车刀和________________螺纹车刀两种。

9．螺纹车刀的正前角 γ_p 一般为 $0° \sim 15°$，粗车时，为了使切削顺利，正前角可取得大一些，$\gamma_p =$________________；精车时，为了减小对牙型角的影响，正前角应取得小一些，$\gamma_p =$________________。

10．螺纹的车削方法常采用的有________________法和________________法两种。

11．根据不同的加工情况，车孔刀可分为____________车刀和____________车刀两种。

12．车孔的关键技术是解决车孔刀的____________和____________问题。

二、判断题（正确的，在括号内打"√"；错误的，在括号内打"×"）

1．75°端面车刀的刀头强度高，适用于大背吃刀量、大端面的车削。（　　）

2．车端面时，刀尖必须保证与工件轴线等高；否则端面中心会留下凸起的剩余材料。（　　）

3．宽刃刀车削法主要适用于较长圆锥面的精车工序。（　　）

4．转动小滑板法车圆锥只适用于单件、小批量生产。（　　）

5．偏移尾座法车圆锥适用于加工锥度较大的圆锥。（　　）

6．靠模法不能车削较大圆锥角的工件，一般圆锥半角 $\alpha/2$ 应小于 12°。（　　）

7．双手控制法车成形面只适用于单件或数量较少的、精度要求不高的成形面工件车削。（　　）

8．用样板车刀车削成形面适用于成批生产。（　　）

9．螺纹车刀的刀尖角 ε_r 应小于牙型角 α。（　　）

10．装夹螺纹车刀时，车刀刀尖应与车床主轴轴线等高，螺纹车刀两刀尖半角的对称中心线应与工件轴线垂直。（　　）

11．精车孔时要求切屑流向待加工表面，为此采用负刃倾角的车孔刀。（　　）

12．车孔方法基本上与车外圆方法相同，只是进刀与退刀的方向相反。（　　）

三、选择题（将正确答案的代号填写在括号内）

1．使用硬质合金车刀时，车端面到中心处刀尖崩碎的原因是（　　）。

A．刀尖与工件轴线不等高　　B．车床转速过高

C．切削用量选用太大　　D．刀尖与工件轴线等高

2．下列选项中，关于车削台阶的说法正确的是（　　）。

A．车削高台阶时，由于两相邻直径相差较大，可选 $\kappa_r < 90°$ 的偏刀

B．当成批车削台阶轴时，可用挡铁定位控制台阶的长度

C．采用挡铁定位控制台阶长度的方法可节省大量的测量时间，但成批工件长度尺寸一致性不是很好

D．可利用中滑板刻度盘转动格数来控制台阶长度

3．用右偏刀车端面时，如果车刀由工件外缘向中心进给，则是用副切削刃车削。当背吃刀量较大时，因切削力的作用会使车刀扎入工件而产生（　　）。

A．凸面　　　　　　B．凹面　　　　　　C．螺旋面

4．车孔刀的刀尖位于（　　）时，车孔刀刀柄的截面积可达到最大程度。

A．刀柄上面　　　　　　　　　　　B．刀柄的中心线上

C．刀柄下面　　　　　　　　　　　D．刀柄的垂直线上

5．车削盲孔时采用（　　）的刃倾角，使切屑向孔口方向排出。

A．正　　　　　　B．负　　　　　　C．0°　　　　　　D．正负皆可

6．用宽刃刀车外圆锥面时应取刃倾角等于（　　）。

A．90°　　　　　　B．45°　　　　　　C．10°　　　　　　D．0°

7．单件车削图 2–3 所示工件的圆锥面，宜采用的车削方法是（　　）。

A．转动小滑板法　　B．偏移尾座法　　C．靠模法　　　　D．宽刃刀车削法

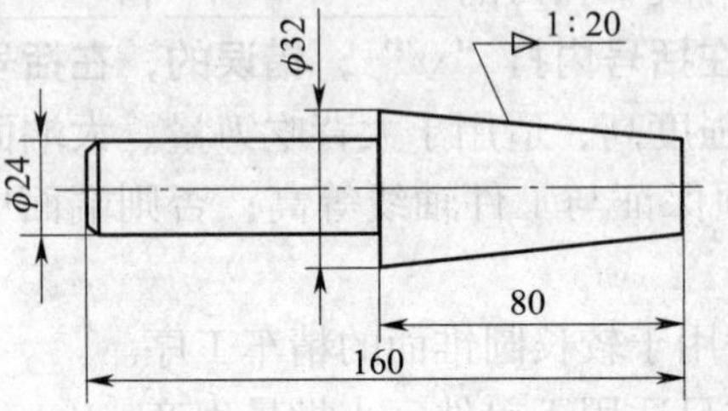

图 2–3

8．螺纹车刀的刀尖角平分线应与工件轴线（　　），装刀时可用对刀样板调整。

A．交错　　　　　　B．相交　　　　　　C．平行　　　　　　D．垂直

9．用偏移尾座法车圆锥时，尾座的偏移量与（　　）有关。

A．工件全长　　　　B．圆锥长度　　　　C．锥度　　　　　　D．圆锥素线长度

10．用转动小滑板法车圆锥时，若最大圆锥直径靠近主轴，小滑板应（　　）。

A．逆时针转动 $\alpha/2$　　　　　　B．顺时针转动 $\alpha/2$

C．逆时针转动 α　　　　　　　　D．顺时针转动 α

11．如果螺纹车刀的正前角 $\gamma_p > 0°$，其两刃夹角 $\varepsilon'_r = 60°$，则车出的螺纹牙型角 α（　　）60°。

A．等于　　　　　　B．大于　　　　　　C．小于　　　　　　D．无法确定

12．车床丝杠螺距为 6 mm，可以用提开合螺母法车螺纹而不会产生乱牙的螺距有（　　）mm。

A．0.45　　　　　　B．0.75　　　　　　C．1.25　　　　　　D．4

四、简答题

1．常用的外圆车刀有哪几种？常用的端面车刀有哪几种？

2．在车床上车削外圆锥的方法主要有哪四种？

3．螺纹车刀按其切削部分材质不同可分为哪两种？各有什么特点？

4．装夹螺纹车刀时应注意哪些事项？

5．车孔的关键技术是什么？

五、计算题

采用偏移尾座法车削图 2–4 所示零件的圆锥面。试问：

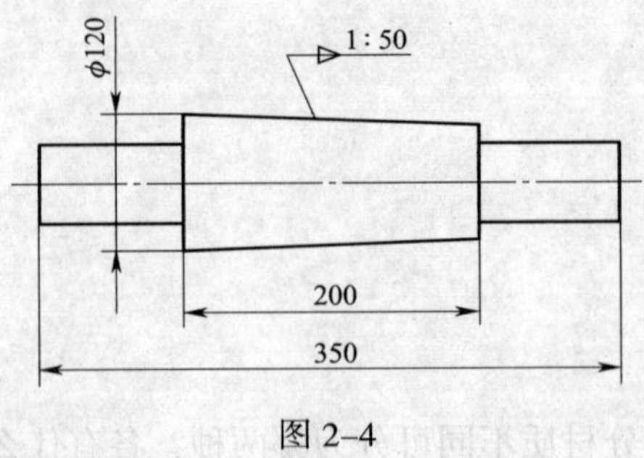

图 2–4

1. 该圆锥的最小圆锥直径 d 为多少？圆锥角 α 多大？
2. 尾座偏移量 S 为多少？

§2—3　车削加工实例分析

应用题

一、图 2–5 所示为齿轮减速器的输出轴，试分析哪些结构可以在车床上加工，并写出其加工顺序。

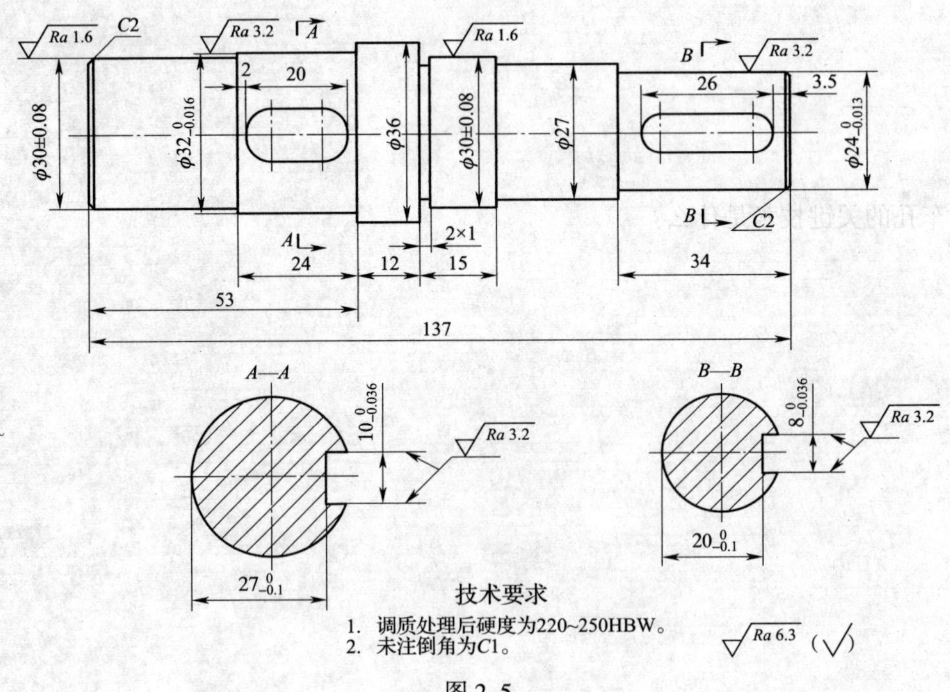

图 2–5

二、分析并制定图 2-6 所示加压轴的车削加工工艺。

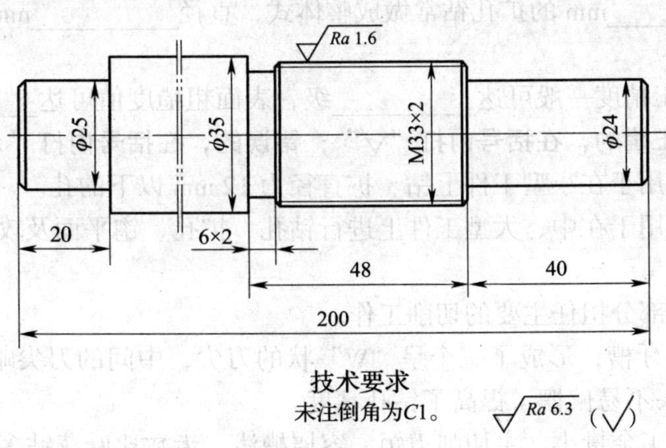

图 2-6

第三章　钻削和镗削工艺与装备

§3—1　钻削加工工艺装备

一、填空题（将正确答案填写在横线上）

1．常用的钻床有________钻床、________钻床和________钻床等。

2．台式钻床是一种小型钻床，适用于在小型工件上钻、扩直径为______mm以下的孔。

3．摇臂钻床按机床夹紧结构可分为________摇臂钻床和________摇臂钻床两类。

4．麻花钻主要由工作部分、________和________组成。麻花钻工作部分是刀具的主要部分，包括________部分和________部分。

5．麻花钻切削部分由“一尖”和“三刃”参与切削工作，其中“一尖”为________，“三刃”为________、________和________。

6．麻花钻的切削部分包含六个面和五个刃，其中六个面为两个________、两个________和两个副后面，五个刃为两个________、两个副切削刃和一个________。

7．群钻是综合麻花钻的各种________方法，结合实践经验，对麻花钻进行合理________得到的一种性能优良的先进钻孔刀具。

8．扩孔钻加工后，孔的精度可达________，表面粗糙度值为________μm。

9．直径________mm的扩孔钻常做成整体式，直径________mm的扩孔钻常做成套装式。

10．铰孔的加工精度一般可达________级，表面粗糙度值可达________μm。

二、判断题（正确的，在括号内打“√”；错误的，在括号内打“×”）

1．摇臂钻床适用于在小型工件上钻、扩直径为12 mm以下的孔。（　　）

2．立式钻床适用于在中、大型工件上进行钻孔、扩孔、锪平面及攻螺纹等工作。（　　）

3．麻花钻导向部分担任主要的切削工作。（　　）

4．群钻磨出月牙槽，形成了三个呈“W”状的刀尖，中间的刀尖略高于两边，这种结构有利于定心，钻头不易偏摆，提高了钻孔精度。（　　）

5．扩孔钻的加工余量小，主切削刃短，容屑槽浅，齿数比麻花钻多。（　　）

6．铰刀是对孔进行半精加工和精加工的多刃刀具。（　　）

三、选择题（将正确答案的代号填写在括号内）

1．加工大型多孔工件应采用（　　）钻床。

A．台式　　B．立式　　C．摇臂　　D．深孔

2．扩孔的尺寸精度一般为（　　）级。

A．IT7～IT6　　B．IT9～IT8　　C．IT11～IT10　　D．IT12～IT11

3．加工精度最高的是（　　）。

A．钻孔　　B．扩孔　　C．铰孔　　D．锪孔

4．用于铰削带有键槽的孔的铰刀是（　　）铰刀。

A．手用整体圆柱　　B．机用整体圆柱　　C．手用可调节　　D．螺旋槽

5．适用于修配的铰刀是（　　）铰刀。

A．手用整体圆柱　　B．机用整体圆柱　　C．手用可调节　　D．手用螺旋槽

四、简答题

1．麻花钻主要由哪几部分组成？各部分有什么作用？

2．群钻具有哪些特征和优点？

五、应用题

在图 3–1 中标出麻花钻切削部分的名称。

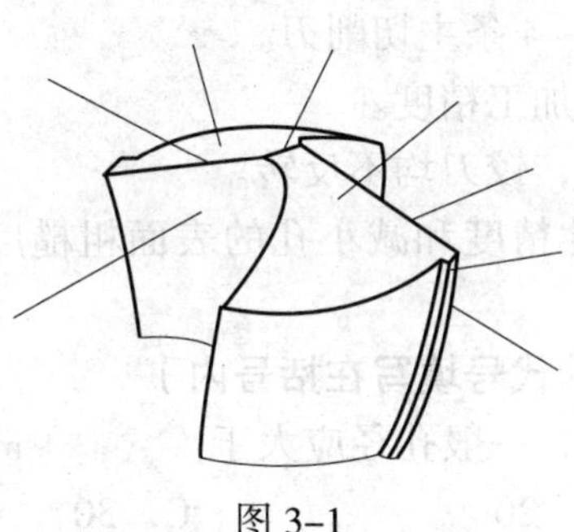

图 3–1

§3—2 钻削方法

一、填空题（将正确答案填写在横线上）

1．钻实心孔时，背吃刀量等于______________。

2．进给量是指钻头旋转一周沿______________方向移动的距离，单位为 mm/r。

3．进给量的确定可考虑________、________和所钻孔径大小及孔的深度，根据经验而定。

4．钻削速度为钻头________外缘处的线速度。

5．钻头的柄部有圆柱柄和锥柄两种，圆柱柄钻头一般用________夹紧，锥柄钻头用柄部的________直接与钻床主轴连接。

6．钻孔属于孔的粗加工，精度较低，一般加工后的尺寸精度为________级，表面粗糙度值一般为________μm。

7．直径超过____mm 的孔应分两次钻削，即第一次用________的钻头先钻，然后再用所需直径的钻头将孔扩大到所要求的直径。

8．用扩孔钻扩孔时，底孔直径为要求直径的________倍，进给量为钻孔时的________倍，切削速度为钻孔时的________。

9．铰削余量是指由______工序（钻孔或扩孔）留下来在直径方向的待加工量。

10．机铰时，应使工件一次装夹进行钻、铰工作，以保证________中心线与底孔中心线一致。

二、判断题（正确的，在括号内打“√”；错误的，在括号内打“×”）

1．钻孔属于粗加工，所以应尽可能选择较大的背吃刀量，即根据孔的直径，选择直径尺寸足够大的钻头，一次钻出所需孔径。（　　）

2．当用 ϕ10 mm 以下的麻花钻钻削普通钢料时，$f < 0.3$ mm/r；采用直径较大的钻头时，$f = 0.3 \sim 0.73$ mm/r。（　　）

3．钻削所产生的热量大部分都被钻头和切屑吸收。（　　）

4．钻孔时，采用钻套引导钻头，可大大提高钻头的刚度。（　　）

5．钻深孔时要经常退出钻头及时排屑和冷却，否则容易造成切屑堵塞或使钻头切削部分过热，导致钻头加快磨损甚至折断，影响孔的加工质量。（　　）

6．一般整体式扩孔钻有 3 ~ 4 条主切削刃。（　　）

7．扩孔加工精度低于钻孔加工精度。（　　）

8．铰刀铰孔或退出铰刀时，铰刀均不反转。（　　）

9．铰孔可以提高孔的尺寸精度和减小孔的表面粗糙度值，并可以对原孔的偏斜进行修正。（　　）

三、选择题（将正确答案的代号填写在括号内）

1．若钻孔需要分两次进行，一般孔径应大于（　　）mm。

A．10　　B．20　　C．30　　D．40

2．一般用麻花钻扩孔时，底孔直径为要求直径的（　　）倍。

A．0.5 ~ 0.7　　B．0.7 ~ 0.9　　C．0.7　　D．0.9

3．钻孔时加切削液的目的主要是（　　）。

A．润滑　　B．冷却　　C．排屑　　D．清洗孔

4．孔将钻穿时进给量必须（　　）。

A．减小　　B．增大　　C．保持不变　　D．无法确定

5．铰孔结束后，铰刀应（　　）退出。

A．正转　　B．反转　　C．正反转均可　　D．停止转动

四、简答题

1．简述钻削的特点。

2．简述扩孔的特点。

3．铰孔时应注意哪些事项？

§3—3　镗削加工工艺装备

一、填空题（将正确答案填写在横线上）

1．镗削时，工件被装夹在______上，镗刀用镗刀杆或刀盘装夹，由主轴带动回转做______，主轴在回转的同时做轴向移动，以实现______。

2．坐标镗床是一种高精度机床，主要用于对______精度及______精度要求很高的孔系进行加工。

3．坐标镗床具有测量______位置的精密测量装置，可以实现主轴或工作台的精密定位。

4. 坐标镗床的类型很多，按其布局形式分为＿＿＿＿＿＿、＿＿＿＿＿＿和卧式三种类型。

5. 镗轴＿＿＿＿＿＿布置并可轴向进给，主轴箱沿前立柱导轨＿＿＿＿＿＿移动，能进行铣削的镗床称为卧式铣镗床。

6. 镗削主要用于加工＿＿＿＿＿＿、＿＿＿＿＿＿和机座等工件上的圆柱孔、螺纹孔、孔内沟槽和端面，当采用特殊附件时，也可加工内、外球面和锥孔等。

7. 镗刀的种类很多，按切削刃数量可分为＿＿＿＿＿镗刀与＿＿＿＿＿镗刀两大类。

8. 单刃镗刀可分为＿＿＿＿＿＿＿＿＿＿镗刀和＿＿＿＿＿＿＿＿＿＿镗刀两种。

二、判断题（正确的，在括号内打“√”；错误的，在括号内打“×”）

1. 镗孔可修正上一工序所产生的孔的轴线位置误差，保证孔的位置精度。（　　）

2. 应用坐标镗床可进行精密划线、刻线和孔距及直线尺寸的精密测量等工作。（　　）

3. 卧式铣镗床特别适用于对较大平面的镗削、铣削以及对较大箱体类零件孔系的精加工。（　　）

4. 镗削主要用于加工箱体、支架和机座等工件上的圆柱孔、螺纹孔、孔内沟槽和端面，当采用特殊附件时，也可加工内、外球面和锥孔等。（　　）

5. 双刃镗刀具有两条对称分布的切削刃，工作时可以消除径向误差，从而提高镗孔精度。（　　）

6. 浮动镗刀可采用较大的进给量，切削效率较高，所以常用来粗镗直径在 40 mm 以上的孔，特别适用于同轴孔系或较深单孔的加工。（　　）

7. 浮动镗刀不能校准孔的轴线歪斜和位置偏差。（　　）

8. 浮动镗刀可自动定心，多用于粗加工。（　　）

三、选择题（将正确答案的代号填写在括号内）

1. 镗削时的主运动为（　　）。

A. 工件的旋转运动　　B. 镗刀的旋转运动

C. 工件的移动　　D. 镗刀的移动

2. 镗削大直径深孔时，通常镗削后轴线都有不同程度的偏移，必须采用（　　）镗削进行校正。

A. 单刃镗刀　　B. 双刃镗刀

C. 带前引导的双刃镗刀　　D. 带后引导的双刃镗刀

四、简答题

1. 镗削常见加工内容有哪些？

2. 坐标镗床能加工哪些内容？

§3—4 镗削加工

一、填空题（将正确答案填写在横线上）

1. 按照镗杆上切削力作用点的位置不同，镗削加工方法分为__________镗削法和_____________镗削法。

2. 双支撑镗削法即镗杆一端装夹在机床__________上，另一端用__________支撑，__________在两支撑之间。

3. 镗孔可在镗床上进行，也可在__________、__________上进行。

4. 镗孔的几何精度主要取决于__________精度，一般镗孔常在镗床或车床上进行。

5. 采用浮动镗刀片不能校正原孔的________歪斜，不宜加工有________的孔。

二、判断题（正确的，在括号内打“√”；错误的，在括号内打“×”）

1. 悬臂镗削法只适用于加工不太长的单孔或距离较近的同轴孔。 （ ）

2. 采用悬臂镗削法加工时，最好采用刀具旋转且进给的方式。 （ ）

3. 双支撑镗削法适用于加工长轴孔或孔距较长的同轴孔系。 （ ）

4. 对于直径较大的孔、内成形表面及孔内的环形槽等，用其他孔加工方法不能进行加工时，镗孔是唯一的方法。 （ ）

5. 在镗床上加工复杂工件（如箱体、支架等）的若干相互间有同轴度、平行度及垂直度等位置精度要求的孔系时，可以保证孔系的形状精度和位置精度。 （ ）

6. 坐标镗床一般用于单件、小批量生产的精密孔系加工。 （ ）

三、选择题（将正确答案的代号填写在括号内）

1. 镗孔不能在（ ）上进行。

A. 镗床　　B. 车床　　C. 铣床　　D. 刨床

2. 用单刃镗刀镗孔时，孔的尺寸由（ ）保证。

A. 镗刀的尺寸　　B. 镗杆的尺寸　　C. 操作者　　D. 机床的尺寸

四、简答题

1．悬臂镗削法有什么特点？其适用于哪种情况？

2．双支撑镗削法有什么特点？其适用于哪种情况？

3．镗削加工有什么特点？

第四章　铣削工艺与装备

§4—1　铣削加工工艺装备

一、填空题（将正确答案填写在横线上）

1．铣削加工是在铣床上利用＿＿＿＿＿＿进行切削的一种方法。

2．铣床种类很多，常用的有＿＿＿＿＿＿＿＿铣床、＿＿＿＿＿＿＿＿铣床、工具铣床和龙门铣床等。

3．卧式升降台铣床的主轴位置与工作台面＿＿＿＿＿＿＿＿；立式升降台铣床的主轴位置与工作台面＿＿＿＿＿＿＿＿。

4．卧式升降台铣床主要用于加工＿＿＿＿＿＿、＿＿＿＿＿＿和成形表面，适用于单件和成批生产。

5．铣刀是＿＿＿＿＿＿＿刀具，其每一个刀齿都相当于一把车刀的＿＿＿＿＿＿固定在铣刀体的＿＿＿＿＿＿面上。

6．铣刀的种类很多，按用途可分为加工＿＿＿＿＿＿铣刀、加工＿＿＿＿＿＿铣刀、加工＿＿＿＿＿＿铣刀等。

7．按进给方式不同，铣床夹具可分为＿＿＿＿＿＿进给式、＿＿＿＿＿＿进给式和靠模进给式三种类型。

8．按主进给运动方式不同，靠模铣床夹具可分为＿＿＿＿＿＿进给和＿＿＿＿＿＿进给两种。

二、判断题（正确的，在括号内打“√”；错误的，在括号内打“×”）

1．万能升降台铣床的结构与一般卧式升降台铣床的结构完全相同。（　　）

2．立式升降台铣床与卧式升降台铣床的主要区别在于前者的主轴是垂直安装的，后者的主轴是水平安装的。（　　）

3．龙门铣床的每个铣头都是一个独立的运动部件。（　　）

4．龙门铣床上可以用多把铣刀同时加工工件的几个平面，可对工件进行粗铣、半精铣及精铣。（　　）

5．铣刀刀齿的几何角度和切削过程与车刀基本相同。（　　）

6．圆柱铣刀的刀齿分布在刀体圆柱表面上，常用于立式铣床上加工窄而长的平面。（　　）

7．端铣刀的圆周表面和端面上分布有切削刃，常用于卧式铣床上加工平面。（　　）

8．键槽铣刀与一般立铣刀的不同之处在于只有两个刀齿，以保证刀齿有足够的强度和较大的容屑空间。（　　）

9．圆周进给式铣床夹具一般在多工位、有回转工作台的铣床上使用。（　　）

三、选择题（将正确答案的代号填写在括号内）

1．可以用来铣削平面的铣刀有（　　）。

A．圆柱铣刀　　B．锯片铣刀　　C．键槽铣刀　　D．三面刃铣刀

2．主要用于加工窄而长的平面的铣刀为（　　）。

A．端铣刀　　B．立铣刀　　C．圆柱铣刀　　D．三面刃铣刀

3．铣削各种槽、台阶平面、工件的侧面及凸台平面需要用（　　）。

A．圆柱铣刀　　B．三面刃铣刀　　C．端铣刀　　D．键槽铣刀

四、简答题

1．铣削加工的典型内容有哪些？

2．立式升降台铣床可加工哪些内容？

§4—2　铣削方法

一、填空题（将正确答案填写在横线上）

1．分度头型号“FW125”的含义如下：F 表示__________，W 表示__________，125 表示夹持工件的最大直径为__________mm。

2．FW125 型万能分度头备有______块分度盘，每一块分度盘上有______个孔圈。

3．按照分度数的多少及 40（通常称为分度头定数）与 z 是否能约简，分度方法可分为__________分度法、__________分度法和直接分度法。

4．分度盘固定，通过转动分度手柄进行分度的方法称为__________分度法。

5．铣削用量的要素包括________、________、________和________。

6．铣刀每回转一周，在进给运动方向上相对于工件的位移量称为____________。

7．在垂直于铣刀轴线方向、工件进给方向上测得的切削层尺寸称为________。

8．根据铣刀在切削时切削刃与工件接触的位置不同，铣削方法分为________铣、________铣以及________铣。

9．根据铣刀切削部位产生的切削力与进给方向间的关系，周边铣削有______铣和______铣两种方式。

10．当工件表面无硬皮，机床进给机构无间隙时，应选用______铣；当工件表面有硬皮，机床进给机构有间隙时，应选用______铣。

11．端面铣削有__________、__________、__________三种方式。

12．铣水平面时可在卧式铣床上用________铣刀来铣削，也可在立式铣床上用________铣刀来铣削。

13．在立式铣床上铣垂直面时是用________铣刀的圆周刀齿进行的。

14．铣削由水平面、垂直面或倾斜面组成的表面时，大型工件可在________铣床上加工，小型工件则用组合铣刀或成形铣刀在________铣床上加工。

15．可在卧式铣床上用________铣直槽，也可在立式铣床上用________铣直槽。

16．铣T形槽时，必须先用立铣刀或三面刃铣刀铣出______，然后在立式铣床上用T形槽铣刀铣出________。

二、判断题（正确的，在括号内打“√”；错误的，在括号内打“×”）

1．由于分度盘的孔圈有限，一些分度数如73、83和113等不能与40约简，故只能采用差动分度法进行分度。（　　）

2．端铣的工件表面有波纹状残留面积。（　　）

3．在保证加工质量、降低加工成本和提高生产效率的前提下，选择铣削用量的原则是铣削宽度 a_e（或背吃刀量 a_p）、进给量 f、铣削速度 v_c 的乘积最小。（　　）

4．因为端铣法的加工质量较好，所以铣削平面时大多采用端铣。（　　）

5．顺铣容易引起工作台向前窜动，造成进给量突然增大，甚至引起打刀。（　　）

6．逆铣时，水平分力与进给方向相反，不会引起工作台的窜动而造成打刀事故。（　　）

7．键槽铣刀可以用来铣削半圆键槽。（　　）

8．端铣加工碳钢及低碳合金钢工件时常采用不对称逆铣。（　　）

9．周边铣削时，用分布在铣刀圆周面上的切削刃来铣削并形成已加工表面。（　　）

10．端面铣削时，用分布在铣刀端面上的切削刃铣削并形成已加工表面。（　　）

三、选择题（将正确答案的代号填写在括号内）

1．用万能分度头简单分度时，分度手柄转10 r，分度头主轴转过的转数是（　　）r。

A．10　　B．4　　C．1/4　　D．1/10

2．端铣刀的（　　）对已加工表面有修光作用，能使表面粗糙度值减小。

A．主切削刃　　B．副切削刃　　C．刀杆　　D．主偏角

3．铣削用量中最后确定的是（　　）。

A．铣削宽度 a_e　　B．背吃刀量 a_p　　C．进给量 f　　D．铣削速度 v_c

4．加工不锈钢适合选择的铣削方式是（　　）。

A．对称铣削　　B．不对称逆铣　　C．不对称顺铣　　D．任何方式皆可

5．周铣顺铣时，切屑的厚度（　　）。

A．由厚到薄　　B．由薄到厚

C．不变　　D．先由薄到厚，再由厚到薄

6．铣削 17 等分的工件，每次分度时手柄转过的圈数是（　　）。

A．$2\frac{12}{34}$　　B．$2\frac{18}{51}$　　C．$2\frac{15}{42}$　　D．$2\frac{9}{28}$

7．可以用简单分度的等分数有（　　）。

A．69　　B．78　　C．128　　D．155

8．周边铣削时，铣刀的旋转轴线与工件被加工表面（　　）。

A．垂直　　B．平行　　C．倾斜　　D．以上选项均正确

四、名词解释

1．分度

2．铣削速度

3．周铣

4．端铣

5．混合铣

6．顺铣

7．逆铣

8．对称铣

五、简答题

1．简述铣削用量的选择原则。

2．与周铣相比，端铣铣平面有哪些优点？

3．顺铣有什么特点？

4．铣削有哪些工艺特点？

§4—3　铣削加工实例分析

应用题

一、如图 4–1 所示为单级齿轮减速器输出轴的铣削工序简图，简要叙述在输出轴上铣键槽的加工步骤。

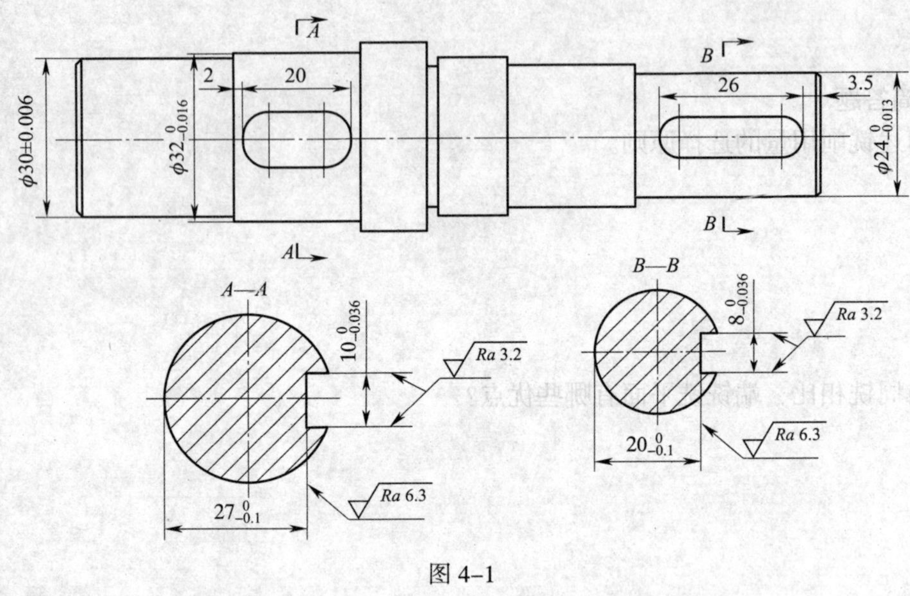

图 4–1

二、如图 4–2 所示为压板零件图，试制定其单件、小批量生产的铣削工艺，并填入表 4–1 中。

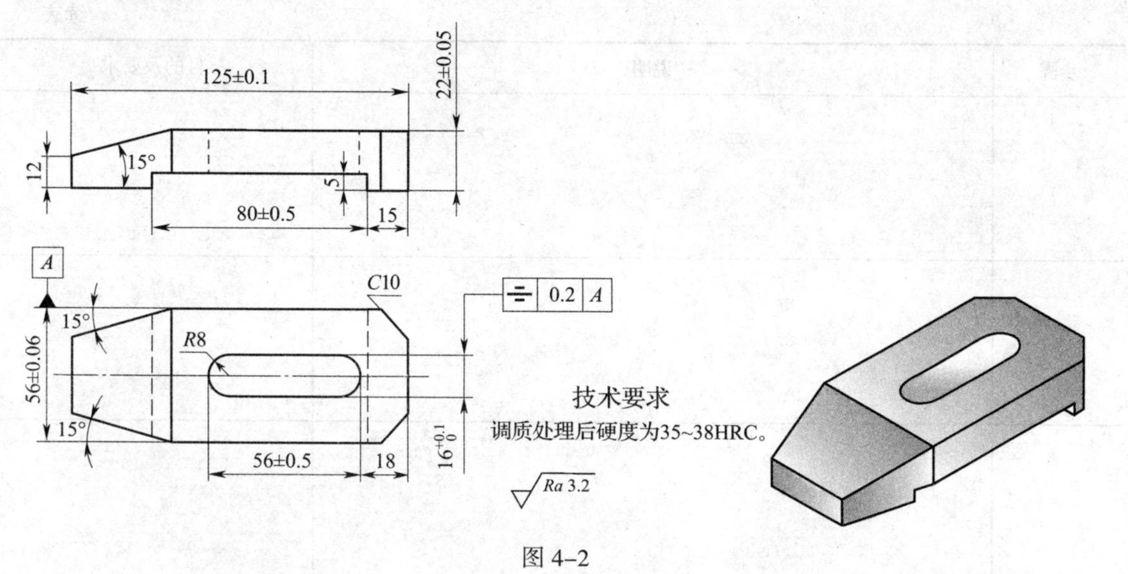

图 4-2

表 4-1　压板的铣削（单件、小批量生产）

步骤	说明	目的及要求

续表

步骤	说明	目的及要求

第五章　磨削工艺与装备

§5—1　磨削加工工艺装备

一、填空题（将正确答案填写在横线上）

1．磨削加工是以砂轮的高速旋转为________，与工件的低速旋转和直线运动（或磨头的移动）作为________相配合，切去工件上多余金属层的一种加工方法。

2．磨削主要用于各种内外回转表面、________、________等的加工。

3．磨床的种类很多，目前生产中应用最多的是________磨床、________磨床、平面磨床和工具磨床等。

4．外圆磨床是主要用于磨削________和圆锥形外表面的磨床。

5．万能外圆磨床主要由床身、________、________、工作台、尾座、内圆磨头等部件组成。

6．万能外圆磨床的床身上面有纵向导轨和横向导轨，分别为磨床________和________的移动导轨。

7．无心外圆磨削是外圆磨削的一种特殊形式，是工件不定________的磨削，是一种生产效率很高的精加工方法。

8．内圆磨床是主要用于磨削________形和________形内表面的磨床。

9．平面磨床是主要用于磨削工件________的磨床。

10．以________为主制造而成的切削工具称为磨具。磨具分为________磨具和________磨具两类。

11．砂轮由________、________、________三部分组成。

12．砂轮的特性用磨料、________、________、________、结合剂、形状和尺寸、强度（最高工作速度）七个要素来衡量。

13．磨具（砂轮）中________的材料称为磨料。它是砂轮的主要成分，是砂轮产生________作用的根本要素。

14．制造砂轮的磨料按成分一般分为________、________和天然超硬材料三类。

15．粒度主要根据加工的________要求和加工材料的________性能来选择。

16．磨粒容易脱落的砂轮硬度低，称为________砂轮；磨粒不容易脱落的砂轮硬度高，称为________砂轮。

17．通常磨削硬度高的材料应选用________砂轮，以保证磨钝的磨粒能及时脱落；磨削硬度低的材料应选用________砂轮，以充分发挥磨粒的切削作用。

18．根据磨粒在整个砂轮中所占体积的比例不同，砂轮组织分成________大类共________级。

19．结合剂是用来将分散的__________颗粒黏结成具有一定形状和足够强度的磨具的材料。

20．砂轮回转时产生的惯性力与砂轮的__________速度的平方成正比。

21．砂轮的强度通常用__________________表示。

22．砂轮（磨具）的标记由________________、______________、形状型号、尺寸以及砂轮特性标记组成。

23．天然金刚石笔是将大颗粒的金刚石镶焊在特制刀杆上的一种修整工具，尖端研成________________的锥角。

24．滚轮式割刀常用于__________砂轮的修整和__________砂轮的整形修整。

二、判断题（正确的，在括号内打"√"；错误的，在括号内打"×"）

1．万能外圆磨床的头架可绕垂直轴线逆时针回转 0°～90°。（　）

2．万能外圆磨床的砂轮架可绕垂直轴线回转 –30°～30°。（　）

3．行星内圆磨床适用于磨削大型工件或不宜旋转的工件，如内燃机气缸体等。（　）

4．无心内圆磨床适用于那些不宜用卡盘夹紧的薄壁，而其内外同轴度要求较高的且外圆表面已经精加工的工件，如轴承环类型的零件。（　）

5．磨削外圆时的主运动为磨头的磨具（砂轮）的回转运动；磨削内圆时的主运动为工件的回转运动。（　）

6．无心外圆磨床的砂轮和导轮的旋转方向相同。（　）

7．粒度主要根据加工的表面粗糙度值要求和加工材料的力学性能来选择。（　）

8．极细粒度一般用于超精磨削。（　）

9．精磨或磨削质硬、脆性的材料可选用中粒度砂轮。（　）

10．砂轮的硬度由软至硬共分 19 级。（　）

11．砂轮的硬度与磨料的硬度含义相同。（　）

12．砂轮回转时产生的惯性力与砂轮圆周速度的平方成反比。（　）

三、选择题（将正确答案的代号填写在括号内）

1．下列选项中不属于磨削进给运动的是（　　）。

A．砂轮的轴向、径向移动　　B．工件的回转运动

C．砂轮的回转运动　　D．工件的纵向、横向移动

2．万能外圆磨床头架可绕垂直轴线逆时针回转（　　）。

A．–10°～90°　B．0°～90°　C．0°～180°　D．90°～180°

3．磨削时，砂轮高速回转，具有很高的（　　）速度。

A．进给　B．切削　C．圆周　D．回转

4．（　）用于外圆、内圆和平面的磨削以及无心磨削、刀具刃磨和螺纹磨削。

A．平形砂轮　B．筒形砂轮　C．杯形砂轮　D．薄片砂轮

5．在立式平面磨床上磨平面应选用（　　）。

A．平形砂轮　B．筒形砂轮　C．杯形砂轮　D．碗形砂轮

6．下列选项中，（　）不是砂轮的硬度等级代号。

A．B　B．E　C．T　D．U

7．半精磨一般选用（　　）磨料。

A．粗粒度　　B．中粒度　　C．细粒度　　D．极细粒度

8．下列选项中不属于磨料性质的是（　　）。

A．具有极高的硬度　　B．具有极高的耐磨性和耐热性

C．具有相当的韧性和化学稳定性　　D．具有很好的力学性能

9．微粉 F500 属于（　　）。

A．粗粒度　　B．中粒度　　C．细粒度　　D．极细粒度

10．磨料的硬度按由高到低排列的次序为（　　）。

A．氧化物、碳化物、金刚石　　B．碳化物、金刚石、氧化物

C．金刚石、氧化物、碳化物　　D．金刚石、碳化物、氧化物

11．粒度主要根据（　　）和加工材料的力学性能来选择。

A．加工的表面粗糙度值要求　　B．加工材料的耐热性

C．加工工件的尺寸大小　　D．加工材料的耐磨性

12．磨削质软、塑性大的材料时可选用（　　）砂轮。

A．粗粒度　　B．中粒度　　C．细粒度　　D．极细粒度

13．砂轮与工件接触面积大时可选用（　　）砂轮的组织。

A．紧密　　B．中等　　C．疏松　　D．以上选项均正确

14．B 级砂轮的硬度属于（　　）。

A．极软　　B．中级　　C．硬　　D．极硬

15．R 为（　　）结合剂代号。

A．陶瓷　　B．橡胶　　C．塑料　　D．增强橡胶

四、名词解释

1．磨具

2．磨料

3．粒度

4．硬度

5．强度

五、简答题

1．万能外圆磨床主要由哪些部分组成？

2．简述无心外圆磨削的工作原理。

3．砂轮的特性由哪些要素来衡量？

4．砂轮的组织分为哪三大类？各适用于哪种磨削？

六、应用题

解释下面砂轮标记中各符号的含义。

砂轮 GB/T41271M—360 × 15 × 203—⋯WA/F46M6B⋯⋯—60

§5—2 磨削方法

一、填空题（将正确答案填写在横线上）

1．磨削时，部分磨钝的磨粒在一定条件下能自动脱落或崩碎，从而露出新的磨粒，使砂轮能保持良好的磨削性能，这一现象称为________________。

2．外圆磨削方法主要有________________磨削法、________________磨削法、________________磨削法和________________磨削法。

3．磨外圆时常用的工件装夹方法有________________、________________和________________三种。

4．在万能外圆磨床上磨内圆的方法有________________和________________。

5．在外圆磨床上磨外圆锥的方法有________________、________________和________________三种。

6．平面磨削方法主要有____________、____________及____________三种。

7．平面磨削时一般采用________________紧固工件。

8．电磁吸盘是根据________________制成的，它有矩形和圆形两种。

9．周边磨削又称圆周磨削，是用砂轮____________面进行磨削的。

二、判断题（正确的，在括号内打“√”；错误的，在括号内打“×”）

1．两顶尖装夹工件的方法可避免磨削时因顶尖摆动而影响工件的精度。（　　）

2．综合磨削法是横向磨削法与纵向磨削法的综合。（　　）

3．深度磨削法中台阶的数量及深度按磨削余量的大小和工件的长度确定。（　　）

4．内圆磨削是常用的内孔精加工方法。（　　）

5．内圆磨削可以加工工件上的通孔、盲孔、台阶孔，但不能加工工件的端面。（　　）

6．横向磨削法磨内圆工件不仅可以做横向进给运动，还可以做圆周进给运动。（　　）

7．转动工作台磨外圆锥的方法适用于锥度不大的长圆锥工件。（　　）

8．转动头架磨外圆锥的方法适用于锥度较大而长度较短的工件。（　　）

9．转动砂轮架磨外圆锥的方法适用于锥度较大且长度较长的工件，工件须用两顶尖装夹。（　　）

10．深度磨削法磨平面的生产效率高，但磨削时横向进给量不能过大。（　　）

三、选择题（将正确答案的代号填写在括号内）

1．下列选项中不属于磨外圆时常用的工件装夹方法有（　　）。

A．两顶尖装夹　　B．三爪自定心卡盘装夹

C．四爪单动卡盘装夹　　D．一夹一顶装夹

2．没有中心孔的圆柱形工件一般采用（　　）装夹。

A．两顶尖　　B．三爪自定心卡盘

C．四爪单动卡盘　　D．一夹一顶

3．外形不规则的工件一般用（　　）装夹。

A．两顶尖　　B．三爪自定心卡盘

C．四爪单动卡盘　　D．一夹一顶

4．磨外圆时应用最为普遍的工件装夹方法是（　　）装夹。

A．两顶尖　　B．三爪自定心卡盘

C．四爪单动卡盘　　D．一夹一顶

5．受砂轮（　　）的限制，横向磨削法只适用于磨削长度较短的外圆及不能用纵向进给的场合。

A．直径　　B．半径　　C．宽度　　D．厚度

6．用转动工作台法磨外圆锥时，从圆锥（　　）开始试磨。

A．末端　　B．大端　　C．中间　　D．小端

7．磨削锥度较大而长度较短的工件时用（　　）。

A．转动工作台法　　B．转动头架法　　C．转动砂轮架法　　D．以上选项均正确

8．用转动砂轮架法磨外圆锥时，如果锥面的素线长度（　　）砂轮厚度，则需要用分段接刀的方法进行磨削。

A．大于　　B．小于　　C．等于　　D．小于等于

四、简答题

1．与外圆磨削相比，内圆磨削有哪些特点？

2．使用电磁吸盘装夹工件有哪些特点？

§5—3 光 整 加 工

一、填空题（将正确答案填写在横线上）

1. 光整加工常用的方法有________、________、抛光及超精加工等。

2. 研磨是在研具和工件间置以________，对工件表面进行光整加工的方法。

3. 研具的材料应比工件材料________，以使磨粒嵌入研具表面，对加工面进行挤压、切削。

4. 研磨剂是指用________、________和辅助材料制成的混合剂。

5. 常用的磨料有刚玉、________、碳化硼等，主要起________作用。

6. 分散剂使磨料均匀分散在研磨剂中，并起________和________等作用，常用的有煤油、机油、动物油、甘油、酒精和水等。

7. 常用的研磨方法有________研磨和________研磨两种。

8. 珩磨是用磨粒极细的几根磨条组成珩磨头，以________速旋转，对工件________进行光整加工的方法。

9. 实践证明，交叉角 α 是影响表面粗糙度值和生产效率的主要因素，α 越大，生产效率越________，表面粗糙度值越________。

10. 为了提高工件的形状精度，珩磨头与机床主轴采用________连接。

11. 珩磨加工能获得________级精度，表面粗糙度值为________μm，但不能提高孔的位置精度。

12. 超精加工是用________的磨具对工件施加很小的压力，并做往复振动和慢速纵向进给运动，以实现________磨削的一种光整加工方法。

13. 超精加工主要适用于轴类零件________表面的光整加工。

14. 超精加工时，有________的低速回转、________的轴向进给运动和________的高速往复振动三种运动。

15. 抛光是利用________、________或________的作用，使工件获得光亮、平整表面的加工方法。

二、判断题（正确的，在括号内打“√”；错误的，在括号内打“×”）

1. 研磨时，研具的材料应比工件的材料硬。（　　）

2. 研磨的应用范围较广，可加工各种钢、铸铁、铜、铝、硬质合金、半导体、玻璃、陶瓷以及塑料等。（　　）

3. 研磨可加工各种形状的表面、内外圆柱面、内外圆锥面、凸凹球面、螺纹、齿轮及其他成形表面。（　　）

4. 珩磨时，磨条在工件表面的切削轨迹是交叉重复的网纹。（　　）

5. 超精加工不能提高工件的形状精度和位置精度。（　　）

6. 抛光不能改善工件的尺寸精度和形状精度。（　　）

三、选择题（将正确答案的代号填写在括号内）

1．光整加工是指精加工后从工件上不切除加工余量或仅切除极薄的金属层，其主要目的是（　　）。

A．减小表面粗糙度值　　B．不能减小表面粗糙度值

C．能提高尺寸加工精度　　D．不能提高尺寸加工精度

E．能修正表面位置误差　　F．不能修正表面位置误差

2．内孔珩磨时，珩磨头与机床主轴浮动连接，做回转运动和直线往复运动，其作用有（　　）。

A．能纠正位置误差　　B．能提高尺寸加工精度

C．能获得较小的表面粗糙度值　　D．不能提高尺寸加工精度

E．不能纠正位置误差

四、简答题

1．什么是光整加工？常用的光整加工方法有哪些？

2．什么是超精加工？超精加工时有哪几种运动？

§ 5—4　磨削加工实例分析

应用题

一、如图 5-1 所示为减速器输出轴，试分析图样，并制定其磨削工艺。

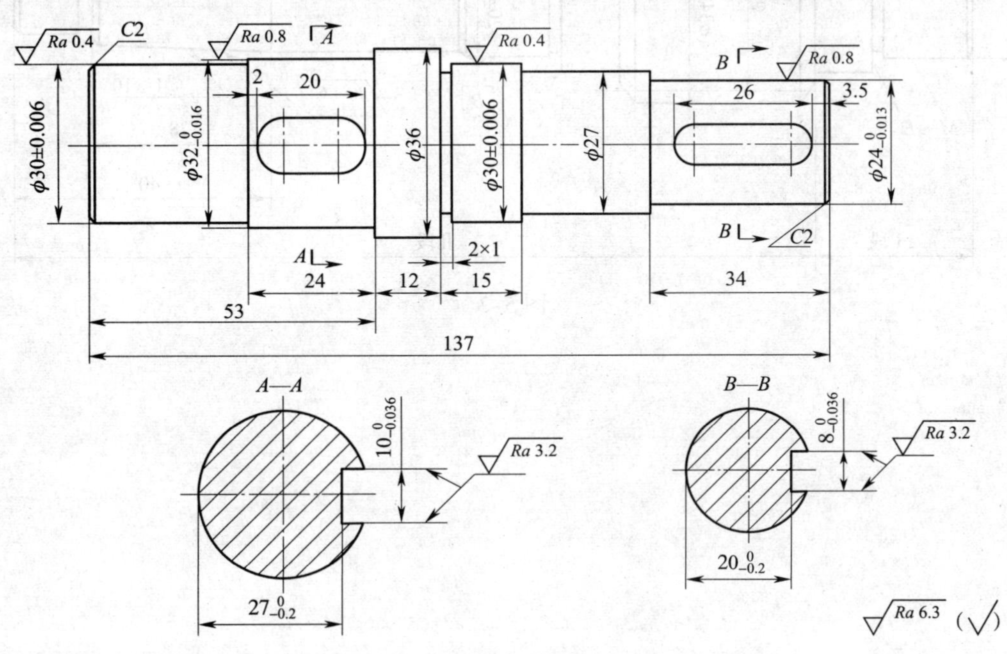

图 5-1

二、如图 5-2 所示为减速器齿轮轴的磨削工序图，材料为 45 钢，通体进行调质处理，齿部经高频（中频）淬火。试分析图样，并制定其磨削工艺。

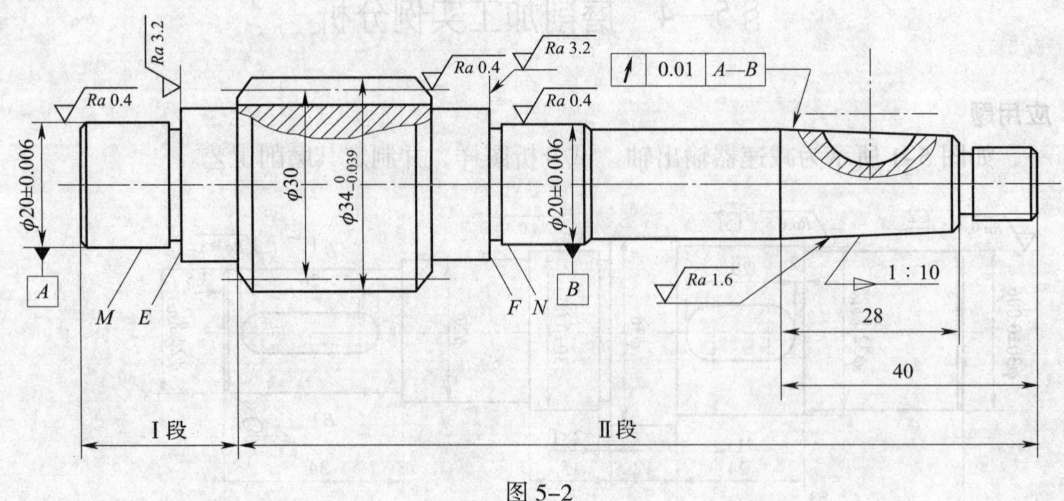

图 5-2

第六章　齿轮加工工艺与装备

§6—1　齿轮加工工艺装备

一、填空题（将正确答案填写在横线上）

1. 齿轮是传递__________和__________的重要零件，常见的齿轮有__________齿轮、__________齿轮、直齿锥齿轮、人字齿圆柱齿轮等。

2. 齿轮加工机床的类型很多，按照被加工齿轮种类的不同分为__________齿轮加工机床和__________齿轮加工机床两大类。

3. 圆柱齿轮加工机床有__________机、__________机、剃齿机、磨齿机、珩齿机等，其中的__________机和__________机应用最广泛。

4. Y3150E 型滚齿机主要用于加工直齿和斜齿圆柱齿轮，也可以__________或用手动径向进给法滚切蜗轮。

5. 插齿刀做上下往复运动，向下为__________运动，向上返回为__________运动。

6. 按齿形加工原理不同，齿轮加工刀具可分为__________齿轮刀具和__________齿轮刀具两大类。

7. 展成齿轮刀具齿形和工件齿形不同，切齿时刀具和工件按准确的传动比做__________运动，工件齿形是刀具齿形运动轨迹__________而成的。

8. 齿轮滚刀是按__________啮合原理用__________法加工齿轮的刀具。

9. 滚刀的公称尺寸参数有__________、__________、长度 L 及容屑槽数。

10. 滚刀的精度等级有__________、__________、__________、__________、__________。

11. 齿轮滚刀的选择与被加工齿轮的__________无关，只要求刀具的法向__________和法向__________与被加工齿轮的相应参数相同即可。

12. 碗形插齿刀主要用于加工__________齿轮和带有__________的齿轮。

13. 插齿刀的精度等级有__________级、__________级、__________级三种，在正常的工艺条件下，分别用于__________级、__________级、__________级精度齿轮的加工。

14. 滚刀的安装方向取决于工件的螺旋线方向，工件为右旋时，滚刀__________方向旋转；工件为左旋时，滚刀__________方向旋转。

15. 工件的展成运动旋转方向取决于滚刀的旋向。当滚刀为右旋时，工件__________旋转；当滚刀为左旋时，工件__________旋转。

二、判断题（正确的，在括号内打“√”；错误的，在括号内打“×”）

1. 成形齿轮刀具的切削刃廓形与被切齿轮齿槽的形状完全相同，可直接切出齿轮齿槽的形状。（　　）

2. 齿轮滚刀本质上是一个斜齿圆柱齿轮。（　　）

3．展成齿轮刀具的齿形与工件齿形完全相同。（ ）

4．花键滚刀属于成形齿轮刀具。（ ）

5．齿轮滚刀的选择与被加工齿轮的齿数有关。（ ）

6．加工精度较低时，滚刀头数应与被加工齿轮的齿数互为质数，以免产生大小齿。（ ）

7．锥柄插齿刀主要用于加工内齿轮。（ ）

8．无论何种类型和精度等级的插齿刀，其几何表面和切削参数的形成都是相同的。（ ）

9．插齿刀选定后不需进行插齿啮合检验。（ ）

10．为了加工出正确的齿形，滚齿时滚刀的轴线必须垂直于工件的端面。（ ）

三、选择题（将正确答案的代号填写在括号内）

1．下列选项中（ ）属于成形齿轮刀具。

A．齿轮滚刀　B．花键滚刀

C．插齿刀　D．盘形模数齿轮铣刀

2．下列选项中（ ）属于加工渐开线圆柱齿轮的刀具。

A．齿轮滚刀　B．花键滚刀　C．蜗轮滚刀　D．花键插齿刀

3．滚刀轴线必须倾斜，用以保证滚刀（ ）。

A．旋向与工件旋向一致　B．螺旋升角与工件的螺旋角相等

C．刀齿切削方向与工件轮齿方向一致　D．旋向与工件旋向相反

4．滚直齿时滚刀应（ ）于工作台安装。

A．垂直　B．平行　C．倾斜　D．对称

5．在机床代号“Y3150”中，“Y”代表的是（ ）。

A．车床　B．螺纹加工机床　C．钻床　D．齿轮加工机床

四、简答题

1．在滚齿机上加工齿轮时需要哪几种运动?

2．插齿加工时机床必须具备哪几种运动?

§6—2　齿轮加工方法

一、填空题（将正确答案填写在横线上）

1．齿轮加工的主要方法有__________加工和__________加工两类。

2．齿轮的加工包括齿坯加工和__________加工两大部分，齿坯属于盘形件，主要以__________、__________加工为主。

3．珩齿能加工__________级精度的齿轮，主要用于经过剃齿后__________的齿形精加工。

4．在普通铣床或万能铣床上利用__________铣刀和__________，在齿坯上加工出齿面的方法称为铣齿。

5．常用的成形铣刀有__________齿轮铣刀和__________齿轮铣刀，后者适用于加工大模数（$m = 8 \sim 40$ mm）的直齿、斜齿齿轮，特别是人字形齿轮。

6．铣齿加工不会出现__________现象，所以适用于加工齿数少于14的齿轮。

7．滚齿是利用一对轴线互相交叉的螺旋圆柱齿轮相__________的原理来进行加工的。

8．插齿是利用一对圆柱齿轮的__________原理来进行加工的。

9．插齿适用于加工滚齿不能加工的__________、双联或多联齿轮、__________、扇形齿轮。

10．常用的齿面精加工方法有__________、__________、__________等。

11．剃齿是__________圆柱齿轮的精加工方法。其加工过程是由__________带动工件自由转动并模拟一对螺旋齿轮做双面间隙啮合运动。

12．剃齿加工属于__________啮合的展成运动，而滚齿与插齿的刀具和工件均由机床驱动，属于__________啮合的展成运动。

13．剃齿加工能有效修正齿轮的__________误差和__________误差，因而有利于提高齿轮的齿形精度，适于加工6 ~ 7级精度的齿轮。

14．__________是用于加工淬硬齿面的精加工方法。

15．磨齿是在__________上使用砂轮对已淬硬齿轮齿面进行精加工的方法。按其加工原理可分为__________磨齿和__________磨齿两种。

16．常见的磨齿机有大平面砂轮磨齿机、锥面砂轮磨齿机、__________砂轮磨齿机和__________砂轮磨齿机。

17．展成法磨齿的实质是根据__________与__________啮合的原理，将砂轮的工作面修成假想__________的一个侧面或一个齿，按__________的节线和__________的节圆做纯滚动的关系进行磨齿。

18．根据砂轮的形式，磨齿可分为__________砂轮磨齿法、__________砂轮磨齿法和蜗杆砂轮磨齿法。

二、判断题（正确的，在括号内打“√”；错误的，在括号内打“×”）

1．滚齿常用于直齿、斜齿的外啮合圆柱齿轮和蜗轮加工。（　　）

2．斜齿圆柱齿轮不能采用铣齿的方式进行加工，只能采用滚齿的方式进行加工。（　）

3．采用成形铣刀加工齿轮时，轮齿分布是否均匀取决于分度装置，齿形是否精确取决于刀具形状。（　）

4．选择齿轮铣刀时不用考虑被加工齿轮的齿数。（　）

5．滚齿的实质相当于蜗杆蜗轮的啮合过程。（　）

6．由于滚齿是采用展成法加工，因此一把滚刀可以加工与其模数、齿形角相同的不同齿数的齿轮。（　）

7．滚齿可以加工内齿轮和多联齿轮。（　）

8．插削齿轮时，齿面精度主要取决于圆周进给量的大小。（　）

9．剃齿刀是一个高精度的斜齿轮，并在齿面上沿渐开线齿向上开了很多槽，形成切削力。（　）

10．由于珩齿修正误差的能力不强，一般主要用于减小齿轮热处理后的表面粗糙度值。（　）

11．由于碟形砂轮刚度低，背吃刀量小，因此是现有磨齿方法中生产效率最低的一种。（　）

12．蜗杆砂轮磨齿法的原理与滚齿相同，蜗杆砂轮相当于滚刀。（　）

三、选择题（将正确答案的代号填写在括号内）

1．下列选项中（　）属于成形法加工齿轮。

A．滚齿　B．插齿　C．剃齿　D．样板刨刀刨齿

2．下列选项中（　）属于展成法加工齿轮。

A．齿轮铣刀铣齿　B．齿轮拉刀拉齿

C．剃齿　D．样板刨刀刨齿

3．下列选项中（　）不能采用滚齿方法进行加工。

A．直齿圆柱外齿轮　B．斜齿圆柱外齿轮

C．蜗轮　D．多联齿轮

4．下列选项中不属于齿面精加工方法的是（　）。

A．滚齿　B．珩齿　C．剃齿　D．磨齿

四、简答题

1．简述铣齿加工的特点。

2．滚齿是利用什么原理进行加工的？滚齿加工有哪些特点？

3．插齿是利用什么原理进行加工的？插齿加工有哪些特点？

4．常用的齿面精加工方法有哪几种？各用于哪种齿面的精加工？

§6—3 圆柱齿轮加工工艺方法

一、填空题（将正确答案填写在横线上）

1．为了适应不同齿轮传动精度的要求，国家标准《圆柱齿轮　精度制　第1部分：轮齿同侧齿面偏差的定义和允许值》（GB/T 10095.1—2008）对圆柱齿轮规定了________个精度等级，其中________级是最高的精度等级，而________级是最低的精度等级。

2．齿轮精度等级应根据____________________、____________________、传动功率、

圆周速度、性能指标或其他技术要求来确定。

3．齿坯加工工艺取决于齿轮的________________、________________和技术要求等。

4．齿形加工方法主要根据齿轮的____________________、____________________、工件结构特点和热处理方式进行选择。

5．对于精度为 3 ~ 6 级的淬硬齿轮可采用____________________—热处理（淬火）—________________的加工方案。

二、判断题（正确的，在括号内打“√”；错误的，在括号内打“×”）

1．圆柱齿轮主要工艺路线可归纳为毛坯制造—齿坯热处理—齿坯加工—齿形粗加工—精基准修正—齿形精加工—检验。（　　）

2．对于大直径的轴齿轮，通常选用中心孔定位；小直径的轴齿轮用轴颈定位，并以一个较大的端面作支撑。（　　）

三、应用题

如图 6-1 所示的传动齿轮，按小批量生产拟定其工艺过程，填入工艺卡中，见表 6-1。

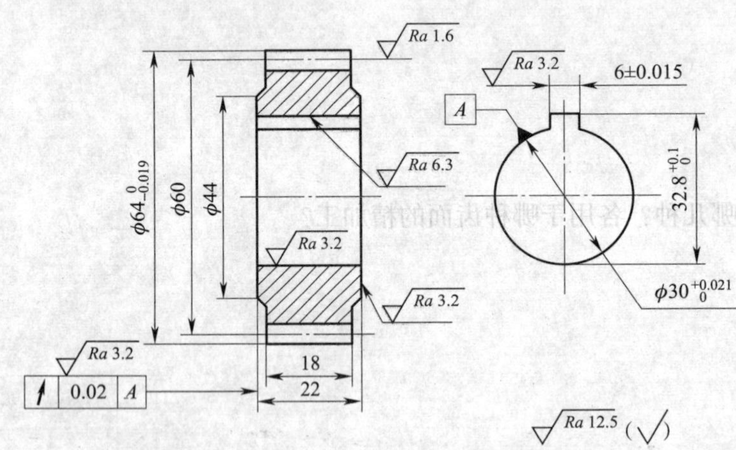

模数	m	2
齿数	z	30
压力角（°）	α	20°
精度等级	8 GB/T 10095.1	
公法线平均长度	W	22.390
跨齿数	k	4

技术要求

1. 碳氮共渗，淬火后硬度为58~63HRC。
2. 材料为20CrMn。
3. 未注倒角为C1.5。

图 6-1

表 6-1　齿轮加工工艺过程（小批量生产）

工序号	工序名称	加工内容	定位基准	加工设备

续表

工序号	工序名称	加工内容	定位基准	加工设备

第七章　数控加工与特种加工

§7—1　数控机床概述

一、填空题（将正确答案填写在横线上）

1．按加工要求预先编制的程序，由控制系统发出____________指令对工件进行加工的机床称为数控机床。

2．数控机床一般由输入 / 输出装置、____________、伺服系统、可编程控制器、测量反馈装置、机床本体等部分组成。

3．数控机床的核心是____________，它由输入装置（如键盘）、控制运算器和输出装置（如显示器）等构成。

4．伺服系统由驱动装置和执行部件组成，它是数控机床的____________机构。

5．伺服系统分为____________伺服驱动系统和____________伺服驱动系统。

6．伺服系统的作用是把来自____________的指令信号转换为机床移动部件的运动。

7．测量反馈装置的作用是通过测量元件将机床移动的实际位置、速度参数检测出来，转换成电信号，并反馈到____________装置中。

8．测量反馈装置安装在数控机床的____________或____________上。

9．机床主体是数控机床的本体，主要包括床身、____________、进给机构等机械部件，还有冷却、润滑等辅助装置。

10．按数控车床主轴位置进行分类，数控车床可分为____________数控车床和____________数控车床。

11．加工中心是指带有____________和刀具自动交换装置的数控机床。

12．数控铣床按主轴在空间所处的状态分为____________数控铣床和____________数控铣床。

二、判断题（正确的，在括号内打“√”；错误的，在括号内打“×”）

1．伺服系统是数控机床的核心。（　　）

2．数控机床必须应用控制介质向数控装置传递加工程序。（　　）

3．MDI 键盘和显示器是数控系统不可缺少的人机交互设备。（　　）

4．伺服系统作为数控机床的重要组成部分，其本身的性能直接影响整个数控机床的精度和速度。（　　）

5．卧式数控车床主要用于加工径向尺寸大、轴向尺寸相对较小的大型复杂零件。（　　）

6．加工中心加工的主要对象有箱体类零件、复杂曲面、异形件、盘套零件、板类零件和特殊加工等。（　　）

三、选择题（将正确答案的代号填写在括号内）

1. 数控系统的核心是（　　）。

A．伺服装置　B．数控装置　C．反馈装置　D．检测装置

2. 数控机床的进给运动是由（　　）控制的。

A．进给伺服驱动系统　B．主轴伺服驱动系统

C．辅助控制系统　D．数控装置

3. 加工中心与一般数控机床的显著区别是（　　）。

A．采用 CNC 数控系统　B．操作简便，精度高

C．具有对零件进行多工序加工能力　D．高速、高效、高精度

4. 加工中心与数控铣床在结构上的主要区别是（　　）。

A．加工中心配置了刀库，存放不同数量的各种刀具

B．加工中心采用了滚珠丝杠副

C．加工中心配置了伺服系统

D．加工中心配置了数控装置

5. 加工既有平面又有孔系的零件时，最好采用（　　）在一次安装中完成零件上平面的铣削，孔系的钻削、镗削、铰削、铣削及攻螺纹等多工步加工。

A．数控车床　B．数控钻床　C．加工中心　D．数控铣床

四、名词解释

1. 车削中心

2. 数控技术

五、简答题

1. 数控机床主要由哪几部分组成?

2. 伺服系统有什么作用?

3．测量反馈装置有什么作用？

§7—2 数控加工工艺

一、填空题（将正确答案填写在横线上）

1．数控加工的特点对夹具提出了两个基本要求：一是保证夹具的坐标方向与__________的坐标方向相对固定；二是要能协调零件与__________坐标系的尺寸。

2．确定加工路线就是确定__________运动的轨迹和方向，也就是程序编制的轨迹和运动方向。

3．在刚度允许的情况下，尽可能选取较大的______________，以减少进给次数，提高生产效率。

4．数控加工____________明细表是调刀人员调整刀具、操作人员进行刀具数据输入的主要依据。

二、判断题（正确的，在括号内打“√”；错误的，在括号内打“×”）

1．在数控机床上加工零件与在普通机床上加工零件所涉及的工艺问题大致相同，处理方法也无多大差别。（　　）

2．普通机床无法加工的内容应优先选用数控机床加工。（　　）

3．实际生产中应杜绝把数控机床当作普通机床来使用。（　　）

4．单件、小批量生产时，应优先使用通用夹具、组合夹具或可调夹具。（　　）

5．用数控机床加工时，一般优先选用专用刀具，不用或少用特殊的标准刀具。（　　）

6．机床和夹具的刚度不影响切削用量的选择。（　　）

7．在刚度允许的情况下应尽可能选取较小的背吃刀量。（　　）

三、选择题（将正确答案的代号填写在括号内）

1．采用数控机床加工的零件应该是（　　）。

A．单一零件　　B．中小批量、形状复杂、型号多变的零件

C．大批量零件　　D．铸、锻毛坯零件的基准平面

2．用数控机床加工选择刀具时，一般应优先采用（　　）刀具。

A．标准　　B．专用　　C．复合　　D．以上选项均正确

3．切削用量的三要素是指（　　）、背吃刀量和进给量。

A．切削速度　　B．主轴转速　　C．角速度　　D．加速度

四、简答题

1. 根据数控加工的特点，对夹具提出了哪些基本要求？

2. 在实际生产加工中，数控加工主要偏向于哪几个方面的应用？

五、应用题

编制如图 7–1 所示零件的加工工艺，毛坯为 $\phi 30 \times 70$mm 棒料。

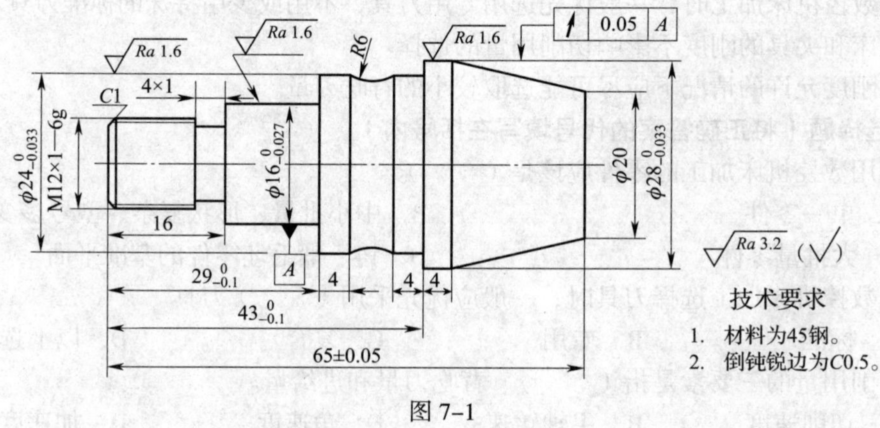

图 7–1

§7—3 特 种 加 工

一、填空题（将正确答案填写在横线上）

1．特种加工是指主要利用________、磁、________、光、热、液、化学等能量单独或复合对材料进行去除、____________、变形、改性、镀覆等的非传统加工方法。

2．在一定的介质中，通过工件和____________电极间脉冲火花放电，使工件材料熔化、汽化而被去除或在工件表面进行材料沉积的加工方法称为电火花加工。

3．采用____________工具电极的电火花加工称为电火花成型加工。

4．用____________________________加工方法加工型腔、型体、型孔、型面的电火花加工机床称为电火花成型加工机床。

5．用沿着自身轴线方向运行的_______________作为工具电极，对工件进行切割的电火花加工称为电火花线切割加工。

6．以金属丝作为＿＿＿＿＿＿电极对工件进行切割加工的电火花加工机床称为电火花线切割机床。

7．根据电极丝运动的方式不同，电火花线切割机床可分为＿＿＿＿＿＿＿＿＿电火花线切割机床和＿＿＿＿＿＿＿＿＿＿电火花线切割机床两大类。

8．激光加工是利用＿＿＿＿＿＿＿＿＿＿进行加工的，不存在工具磨损的问题，工件也无受力变形。

二、判断题（正确的，在括号内打“√”；错误的，在括号内打“×”）

1．电火花加工方式可实现用软金属工具加工任何硬度的金属材料。（　　）

2．电火花线切割加工时，金属线为正电极，工件为负电极。（　　）

3．电火花线切割的电极丝材料不必比工件材料硬，可加工任何导电的固体材料。（　　）

4．电火花线切割能够加工非导电材料。（　　）

5．激光束能量密度高，可加工各种金属材料和非金属材料。（　　）

6．电火花成型加工与传统的机械切削加工原理完全相同，在加工过程中，工具电极与工件必须接触。（　　）

7．电火花加工的放电脉冲参数可以任意调节，可以在同一台机床上完成粗、中、精加工过程。（　　）

8．在电火花线切割加工过程中可以不使用工作液。（　　）

三、选择题（将正确答案的代号填写在括号内）

1．下列选项中（　　）不能采用电火花加工。

A．磁性材料　　B．人造聚晶金刚石

C．立方氮化硼　　D．塑料

2．电火花线切割机床的脉冲电源与电火花成型加工机床的脉冲电源（　　）。

A．原理和性能要求都相同　　B．原理不同，性能要求相同

C．原理相同，性能要求不相同　　D．原理和性能要求都不同

四、名词解释

1．特种加工

2．电火花加工

3．激光加工

五、简答题

1．简述电火花成型加工原理。

2．填写表 7–1 中列举的各种特种加工方法所能加工的材料。

表 7–1　各种特种加工方法所能加工的材料

特种加工方法	所能加工的材料
电火花成型加工	
电火花线切割加工	
激光加工	

3．简述电火花成型加工的应用范围。

4．电火花线切割加工有哪些特点？

5．简述数控线切割加工的应用范围。

第八章　先进制造技术

§8—1　超精密加工技术

一、填空题（将正确答案填写在横线上）

1. 超精密加工是从被加工表面去除一层____________的表面层，包括超精密切削、超精密____________和超精密特种加工等。

2. 超精密加工的重要关键技术包括金刚石刀具的制备与____________、超硬砂轮的________________等。

3. 超精密切削加工主要是指采用______________刀具进行超精密车削，适用于铜、铝等非铁金属及其合金以及光学玻璃、大理石和碳素纤维等非金属材料的精密切削加工。

4. 超精密磨削的关键在于砂轮的选择、________________、__________________和高精度的磨削机床。

5. 在超精密磨削加工中所使用的砂轮材料多为____________和__________磨料。

6. 砂轮修整通常包括________________和________________两个过程。

7. 金刚石砂轮的磨削速度一般为______m/s，立方氮化硼砂轮的磨削速度可达______m/s。

8. 超精密加工机床的精度质量主要取决于机床的____________部件、床身导轨以及__________部件等关键部件。

9. 超精密机床主轴广泛采用的是________________轴承和______________轴承。

10. 在精密磨削时，只有将磨削振幅控制在_______μm，才能获得 *Ra*0.01 μm 以下的表面粗糙度值。

二、判断题（正确的，在括号内打“√”；错误的，在括号内打“×”）

1. 精密和超精密加工只是一个相对的概念，其界限随时间的推移而不断变化。（　　）

2. 在当今技术条件下，超精密加工所能达到的加工精度大于 0.1 μm。（　　）

3. 对于硬而韧、高温硬度高、热导率低的钢铁材料，一般采用金刚石砂轮进行磨削。（　　）

4. 普通砂轮的修形与修锐一般同步进行，而超硬磨料砂轮的修形和修锐一般分先后两步进行。（　　）

5. 目前，高精度微量进给装置的分辨率为 0.001 ~ 0.01 μm。（　　）

6. 对于超精密加工，空气中的尘埃和微粒不会有什么不良影响。（　　）

三、选择题（将正确答案的代号填写在括号内）

1. 在当今技术条件下，超精密加工所能达到的加工精度为（　　）。

A．加工精度＞1 μm，表面粗糙度 *Ra* 值＞0.1 μm

B．加工精度为 0.1 ~ 1 μm，表面粗糙度 *Ra* 值为 0.1 ~ 1 μm

C．加工精度＞0.1 μm，表面粗糙度 *Ra* 值＞0.01 μm

D．加工精度＜0.1 μm，表面粗糙度 Ra 值＜0.01 μm

2．精密主轴部件是超精密加工机床的（　　）基准，也是保证机床加工精度的核心。

A．测量　　B．平行　　C．圆度　　D．长度

3．目前，超精密加工机床床身多采用的材料是（　　）。

A．铸铁　　B．人造花岗岩　　C．45 钢　　D．金刚石

四、简答题

1．超精密加工所涉及的技术范围有哪些？

2．金刚石刀具具有哪些性能特征？

3．超精密加工机床的精度质量主要取决于机床的哪些关键部件？

§8—2 高速加工技术

一、填空题（将正确答案填写在横线上）

1. 1931 年，德国萨洛蒙（Salomon）博士提出的著名____________________理论认为：一定的工件材料对应有一个临界切削速度，在该切削速度下其切削温度最高。

2. 高速加工机床主轴的理想结构是采用________________单元结构。

3. 目前，高速切削机床多采用龙门式____________________结构及箱中箱结构。

4. 高速切削通常采用的刀具有硬质合金涂层刀具、______________刀具、聚晶金刚石刀具、____________________刀具。

5. 高速磨削主轴必须配有自动在线________________系统，以将磨削振动降低到最小限度。

二、判断题（正确的，在括号内打“√”；错误的，在括号内打“×”）

1. 随着切削速度的增大，切削温度也在不断升高，当切削速度达到临界速度后，切削温度将不再继续升高，反而随着切削速度的增大而降低。（　　）

2. 高速加工特别适合于薄壁类刚度较低的零件加工。（　　）

3. 高速切削可直接加工淬硬材料，在很多情况下可完全省去电火花加工和人工打磨等耗时的光整加工工序。（　　）

4. 由于高速切削时的离心力和振动的影响，刀具必须进行严格的动平衡。（　　）

三、选择题（将正确答案的代号填写在括号内）

1. 根据高速切削理论，常规切削通常按（　　）内的各种速度进行切削加工。

A. B 区　　B. C 区　　C. D 区　　D. A 区

2. 根据高速切削理论，超高速切削通常按（　　）内的各种速度进行切削加工。

A. B 区　　B. C 区　　C. D 区　　D. A 区

3. 高速切削加工机床一般采用（　　）直接驱动进给系统。

A. 步进电动机　　B. 直流电动机　　C. 交流电动机　　D. 直线电动机

四、简答题

1. 高速切削加工具有哪些切削特征？

2. 高速切削加工的关键技术有哪些？

§8—3 增材制造技术

一、填空题（将正确答案填写在横线上）

1. 相对于传统材料去除成型工艺而言，增材制造技术是一种基于“分层制造、逐层叠加”的________________原理发展起来的先进制造技术。

2. 分层切片过程也是增材制造由三维实体向______________的离散化过程。

二、判断题（正确的，在括号内打“√”；错误的，在括号内打“×”）

1. 增材制造技术解决了许多传统制造工艺难以实现的复杂结构零件成型问题。（　　）

2. 分层切片处理是将 CAD 三维实体模型沿给定的方向切成一层层二维薄片。（　　）

三、简答题

1. 简述增材制造技术的工艺过程。

2. 列举增材制造技术应用的领域。

第九章 切削加工质量

§9—1 基 本 概 念

一、填空题（将正确答案填写在横线上）

1．加工误差是表示________________高低的一个数量指标。

2．一个零件的加工误差越大，加工精度越__________；加工误差越小，加工精度越____________。

3．由机床、夹具、刀具和工件组成的系统称为____________________系统。

4．工艺系统中凡是能直接引起加工误差的因素都称为______________误差。

5．若原始误差是在工作状态下产生的，则称为工艺系统______________误差。

6．若原始误差在加工前已经存在，即在非工作状态下检验出的误差，称为工艺系统______________误差。

7．表面质量包括两个方面的内容：加工表面的__________________误差和表面层金属的__________________性能、__________________性能及化学性能。

8．表面粗糙度是加工表面的微观________________误差，其波长与波高比值一般小于50。

9．纹理方向是指表面______________的方向，它取决于表面形成过程中所采用的机械加工方法。

10．表面冷作硬化程度取决于导致塑性变形的__________________、__________________以及变形时的温度。

11．机械加工时表面层的冷作硬化现象是______________作用与______________作用的综合结果。

12．当切削加工中切削温度不高时，起主导作用的是冷态塑性变形，产生残余______________应力。

二、判断题（正确的，在括号内打“√”；错误的，在括号内打“×”）

1．零件加工后的实际几何参数与理想几何参数的符合程度越高，加工精度也越高。（　　）

2．工艺系统的误差是影响加工精度的根源，其结果以加工误差表现出来。（　　）

3．零件的加工质量完全取决于加工精度。（　　）

4．波纹度是由机械加工中的振动引起的。（　　）

5．当表面层金属体积收缩时会受到基体金属的牵制，则产生残余压应力。（　　）

6．磨削加工中，热态塑性变形和金相组织变化起主导作用，产生残余拉应力。（　　）

三、选择题（将正确答案的代号填写在括号内）

1．零件的加工精度包括（　　）。

A．尺寸精度　　B．形状精度　　C．位置精度　　D．表面粗糙度

2．属于工艺系统静态误差的是（　　）。

A．机床、夹具的制造误差　　B．刀具的尺寸误差

C．毛坯尺寸误差　　D．工艺系统受力变形所引起的误差

3．一个完整的工艺系统由（　　）构成。

A．机床、夹具、刀具和量具

B．机床、夹具、刀具和工件

C．机床、量具、刀具和工件

D．夹具、刀具、量具和工件

4．机械加工表面质量的内容是（　　）。

A．几何形状误差及表面层金属的力学性能、物理性能和化学性能

B．波度、纹理方向、伤痕、表面粗糙度、金属的物理性能

C．表面粗糙度及表面层金属的力学性能、物理性能和化学性能

D．波度、纹理方向、表面粗糙度、表面层金属的力学性能和物理性能

四、名词解释

1．加工精度

2．加工误差

3．波纹度

4．冷作硬化

五、简答题

1. 加工精度与加工误差有什么关系？研究加工精度的目的是什么？

2. 加工表面的几何形状误差包括哪些部分？

3. 形成残余应力的原因主要有哪些？

§9—2 影响加工精度的因素及提高加工质量的措施

一、填空题（将正确答案填写在横线上）

1. 加工原理误差是指由于采用了近似的刀具轮廓、近似的____________和近似传动比的____________使加工零件产生的加工误差。

2. 引起机床误差的原因是机床本身各部件的________误差、________误差和使用过程中的磨损。

3. 导轨是机床中确定主要部件__________的基准，也是________的基准，它的各项误差将直接影响被加工零件的精度。

4. 导轨导向精度是指机床导轨副的运动件实际运动方向与理想运动方向的符合程度，这两者之间的偏差称为________误差。

5. 在车床上车削圆柱面时，误差的敏感方向在__________面内。

6. 刨床的误差敏感方向为________方向。

7. 镗床误差敏感方向是随主轴回转而变化的，故导轨在水平面及垂直面内的________误差均直接影响加工精度。

8. 机床导轨副的磨损与工作的________、________、工作条件、导轨的材料和结构等有关。

9. 机床主轴的回转精度是机床精度的一项重要指标，主要影响零件加工表面的________精度、________精度和表面粗糙度。

10. 主轴回转误差可分为________、________和角度摆动三种基本形式。

11. 主轴回转误差主要由主轴的________误差、轴承的误差与轴承配合件的误差，以及________、主轴系统的径向刚度和热变形等组成。

12. 传动链误差是由于传动链中的________存在制造误差和装配误差引起的。

13. 夹具误差主要是指________元件、________元件、对刀装置、分度机构及夹具体等零件的制造、装配误差及有关工件表面的磨损。

14. 工艺系统受力变形通常是________变形。

15. 残余应力又称内应力，是指在没有________的情况下零件内部存在的应力。

16. 冷校直就是在原有变形的________方向加力 F，使工件向反方向弯曲，产生塑性变形，以达到________的目的。

17. 生产中采用________加工法，就是对某些重要表面在装配之前不进行精加工，待装配之后，再在自身机床上对这些表面进行精加工。

18. 转移原始误差法是指创造一定条件，把工艺系统的原始误差转移到误差的________方向或其他不影响加工精度的方向上去的加工方法。

二、判断题（正确的，在括号内打“√”；错误的，在括号内打“×”）

1. 一般原理误差应小于 10%～15% 工件的公差值。（ ）

2. 机床安装不正确引起的导轨误差往往远大于制造误差。（ ）

3. 刨床的误差敏感方向为水平方向。（ ）

4. 当导轨与主轴回转轴线不平行时，则镗出的孔呈椭圆形。（ ）

5. 如使主轴的回转误差不反映到工件上去，在外圆磨床上前、后顶尖都是不转的，这样就可避免头架主轴回转误差对加工精度的影响。（ ）

6. 径向圆跳动对车削端面无影响。（ ）

7. 轴向窜动对车削端面无影响。（ ）

8. 车削螺纹时，要求工件每转一转，刀具走一个导程。（ ）

9. 一般刀具（如普通车刀、刨刀、单刃镗刀等）的制造误差对加工精度没有直接影响。（ ）

10. 成形刀具（如成形车刀、成形铣刀等）的制造和磨损误差主要影响工件的位置精度。（ ）

11. 在一般车削时，只有在精加工时用误差复映规律估算加工误差才有实际意义。（ ）

12．在加工过程中传到工件上的热量主要来自切削热。 （ ）

13．在实践中常将车削和磨削内外圆表面的工件作为受热不均匀的工件，而把刨削、铣削、磨削平面的工件作为受热近似均匀的工件。 （ ）

14．高温时效一般适用于毛坯或在粗加工后进行。 （ ）

三、选择题（将正确答案的代号填写在括号内）

1．低温时效一般适用于（ ）加工后进行。

A．粗　　B．半精　　C．精　　D．精细

2．直角尺、游标万能角度尺、多棱体、分度盘及标准丝杠等高精度量具和工具采用（ ）来制造。

A．误差平均法　　B．就地加工法　　C．误差分组法　　D．转移原始误差法

3．在实际生产中尽管有许多减小误差的方法和措施，但从误差减小的技术上看可将它们分为两大类，即（ ）。

A．误差预防技术、误差补偿技术

B．直接减小原始误差技术、在线检测技术

C．均化原始误差技术、偶件自动配磨技术

D．自动测量、自动补偿

4．对机床导轨主要有（ ）方面的精度要求。

A．在水平面内的直线度　　B．在垂直面内的直线度

C．前、后导轨的平行度　　D．主轴回转精度

四、简答题

1．什么是加工原理误差？具体有哪几种情况？

2．滚齿用的齿轮滚刀存在哪两种误差？

3．为了减少工件热变形对加工精度的影响可采取哪些措施？

4．为了减少传动链误差对加工精度的影响可采取哪些措施？

5．减少或消除残余应力的措施有哪些？

§9—3　加工误差的综合分析

一、填空题（将正确答案填写在横线上）

1．根据加工误差的性质，可将误差分为____________误差和____________误差。

2．当顺序加工一批零件时，产生误差的大小和方向若保持不变，称为__________系统性误差；若按一定的规律变化，则称为__________系统性误差。

3．加工误差是许多_____________误差和_____________误差共同作用的结果，因此，应对具体加工条件下可能产生误差的因素和大小加以分析及研究。

4．成批加工某种零件，抽取其中一定数量进行测量，抽取的这批零件称为__________，其件数 n 称为_____________。

5．样本的平均值 $x_{均}$ 表示该样本的尺寸_______________中心。它主要取决于______________的大小和常值系统性误差。

6．样本的标准差 S 反映了该批工件的尺寸__________程度。它是由变值系统性误差和随机性误差决定的，误差大，S 也__________；误差小，S 也__________。

二、判断题（正确的，在括号内打“√”；错误的，在括号内打“×”）

1．当顺序加工一批零件时，产生误差的大小和方向若保持不变，称为变值系统性误差。（　　）

2．变值系统性误差是由可变因素所引起的。（　　）

3．随机性误差的大小和方向是无规律地变化的。（　　）

三、选择题（将正确答案的代号填写在括号内）

1．下列选项中属于常值系统性误差的有（　　）。

A．加工原理误差　　B．机床、刀具、夹具、量具的制造误差

C．调整误差　　D．刀具磨损引起的加工误差

2．下列选项中属于随机性误差的有（　　）。

A．加工原理误差　　B．定位误差

C．夹紧误差　　D．残余应力引起的变形误差

四、简答题

1．什么是常值系统性误差？常见的常值系统性误差有哪些？

2．什么是随机性误差？常见的随机性误差有哪些？

3．简述直方图的绘制步骤。

§9—4 影响表面粗糙度的因素及改善表面质量的措施

一、填空题（将正确答案填写在横线上）

1. 零件工作表面的耐磨性不仅与摩擦副的材料和润滑情况有关，而且还与两个相互运动零件的________有关。

2. 表面粗糙度的最优数值与机器零件________有关。

3. 在交变载荷作用下，零件的表面粗糙度、划痕和裂纹等缺陷会引起________现象，在微观低凹处的应力易超过材料的疲劳强度而出现________。

4. 零件的耐腐蚀性在很大程度上取决于________。

5. 影响表面粗糙度的因素主要有________因素和________因素两个方面。

6. 切削加工的表面粗糙度值主要取决于切削残留面积的________。

7. 影响切削残留面积高度的因素主要包括________、________、副偏角及进给量等。

8. 为减小切削加工后的表面粗糙度值，常在精加工前进行调质等处理，目的在于得到________的晶粒组织和较高的硬度。

9. 磨削加工表面粗糙度的形成也是由________因素和表面层金属的________决定的。

10. 砂轮的组织是指________、________和气孔的比例关系。

11. 氧化物（刚玉）砂轮适用于磨削________类零件；碳化物（如碳化硅、碳化硼等）砂轮适用于磨削________、硬质合金等材料。

二、判断题（正确的，在括号内打"√"；错误的，在括号内打"×"）

1. 零件的表面粗糙度值越大，磨损越快，这说明零件的表面粗糙度值越小越好。（ ）

2. 残余压应力可以延缓疲劳裂纹的扩展，提高零件的疲劳强度。（ ）

3. 减小表面粗糙度值，可以提高零件的耐腐蚀性能。（ ）

4. 对于同样的材料，金相组织越粗大，切削加工后的表面粗糙度值也越大。（ ）

5. 工件速度对表面粗糙度值的影响刚好与砂轮速度的影响相同。（ ）

6. 影响磨削表层金属塑性变形的因素往往是影响表面粗糙度的决定性因素。（ ）

7. 砂轮的硬度是指磨粒在磨削力作用下从砂轮上脱落的难易程度。（ ）

8. 改用更低或更高的切削速度，并选用较小的进给量，可以有效地抑制鳞刺和积屑瘤的生长。（ ）

三、选择题（将正确答案的代号填写在括号内）

1. 表面粗糙度对零件的（ ）有影响。

A. 耐磨性　B. 疲劳强度　C. 耐腐蚀性　D. 配合性质

2. 影响切削残留面积高度的因素主要包括（ ）。

A. 刀尖圆弧半径　B. 主偏角　C. 副偏角　D. 进给量

四、简答题

1. 切削加工中减小表面粗糙度值的措施有哪些？

2. 砂轮磨削加工中减小表面粗糙度值的措施有哪些？

第十章　典型零件加工

§10—1　轴类零件加工

一、填空题（将正确答案填写在横线上）

1. 轴类零件主要用于____________传动件和传递____________，以保证安装在轴上的零件的回转精度。

2. 轴类零件是旋转体零件，其长度大于直径，主要由内外圆柱面、内外圆锥面、______________、______________、键槽、横向孔、沟槽等组成。

3. 轴的加工精度主要包括结构要素的__________精度、________精度和________精度。

4. 轴类零件主要表面粗糙度是根据其______________和______________等级决定的。

5. 轴类零件常用的热处理工艺有____________、____________和____________等。

6. 对于光轴和直径相差不大的台阶轴，一般采用________________作为毛坯。直径相差较大的台阶轴和比较重要的轴应采用________________作为毛坯。

7. 轴是回转体，各外圆表面的粗加工、半精加工一般采用____________，精加工采用____________，有些精密轴类零件的轴颈表面还需要进行____________加工。

8. 轴上的花键、键槽、螺纹等表面的加工一般都安排在外圆____________加工之后、____________加工之前进行。

9. 在轴类零件的加工过程中，常用________________作为定位基准。

10. 为改善金属组织和切削性能而进行的热处理称为________________热处理，包括正火、退火、____________和时效处理。

11. 通常正火、退火安排在____________________之后、____________加工之前，时效处理安排在____________加工、____________加工之间，调质处理可安排在__________加工、____________加工之间。

12. 为了提高零件的硬度、强度等力学性能而进行的热处理称为____________热处理，包括____________、渗碳和渗氮。

二、判断题（正确的，在括号内打"√"；错误的，在括号内打"×"）

1. 对于中等精度而转速较高的轴，可选用Q235A。（　　）

2. 直径相差较大的台阶轴和比较重要的轴，大批量生产采用自由锻，单件、小批量生产采用模锻。（　　）

3. 粗加工轴类零件外圆表面时，应先加工小直径外圆，再加工大直径外圆。（　　）

4. 正火、退火安排在粗加工、精加工之间。（　　）

5. 轴上的键槽等表面的加工应在外圆精车之后、磨削之前进行。（　　）

三、选择题（将正确答案的代号填写在括号内）

1. 直径的精度由使用要求和配合性质确定，对于主要起支撑作用的轴颈，通常为

（　　）级，特别重要的轴颈可为（　　）级。

A．IT12 ~ IT10　　　　B．IT9 ~ IT6

C．IT5　　　　D．IT2

2．支撑轴颈的表面粗糙度 *Ra* 值一般为（　　）μm，配合轴颈的表面粗糙度 *Ra* 值一般为（　　）μm。

A．0.8 ~ 0.2　　　　B．0.1 ~ 0.04

C．3.2 ~ 0.8　　　　D．6.3 ~ 3.2

3．对于中等精度而转速较高的轴，可选用的材料是（　　）。

A．Q235A　　B．45　　C．40Cr　　D．GCr15

4．对于高转速、重载荷条件下工作的轴，可选用的材料是（　　）。

A．Q235A　　B．20CrMnTi　　C．40Cr　　D．GCr15

5．轴上的螺纹一般有较高的精度要求，通常应安排在（　　）进行加工。

A．半精加工之后、淬火之前　　　　B．毛坯制造之后、粗加工之前

C．粗加工、半精加工之间　　　　D．粗加工、精加工之间

四、简答题

1．预备热处理的目的是什么？主要包括哪些工序？

2．最终热处理的目的是什么？主要包括哪些工序？

五、应用题

图 10–1 所示为齿轮轴，中批量生产，试拟定其工艺过程，填入表 10–1 所列的机械加工工艺卡中。

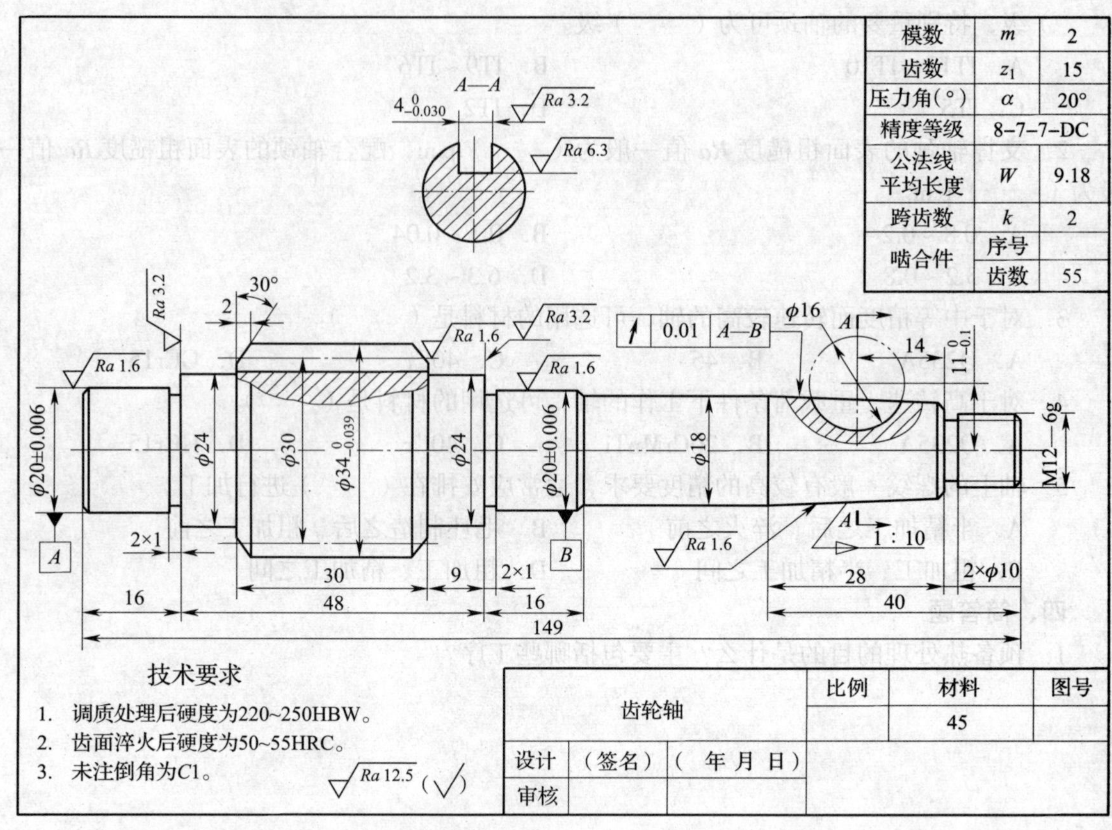

图 10-1

表 10-1 齿轮轴机械加工工艺卡

工序号	工序名称	工序内容	定位基准	加工设备

续表

工序号	工序名称	工序内容	定位基准	加工设备

§10—2　套类零件加工

一、填空题（将正确答案填写在横线上）

1．套类零件的外圆大都是____________表面，常与箱体或机架上的孔采取过盈配合或过渡配合，其尺寸精度通常为________________。

2．液压缸内孔的表面粗糙度值一般为________________μm，外圆的表面粗糙度值较小，通常取________________μm。

3．套类零件一般用钢、铸铁、青铜、黄铜等材料制成，材料的选择主要取决于____________________。

4．套类零件的毛坯类型与所用材料、________________和________________有关，常采用型材、锻件或铸件。

5．套类零件的结构特点是____________________，刚度低，内孔与外圆有较高的相互位置精度要求。

6．为保证位置精度要求，加工套类零件时应遵循________________原则和________________原则，即在一次安装中完成内孔、外圆及端面的全部加工。

7．当一次安装不能同时完成内孔、外圆表面加工时，内孔、外圆的加工采用____________________、____________________的原则。

8．套类零件的主要加工方法是____________和____________。

9．保证主要表面的相互位置精度和防止____________是加工套类零件的关键。

二、判断题（正确的，在括号内打“√”；错误的，在括号内打“×”）

1．毛坯内孔直径小于20 mm时，大多选用铸件。（　　）

2．孔径较大、长度较长的零件常用无缝钢管或带孔的铸件、锻件。（　　）

3．套类零件一般都存在壁较薄、径向刚度较低、容易变形等缺点。（　　）

三、选择题（将正确答案的代号填写在括号内）

1．精密轴套的形状误差要求控制在孔径公差的（　　）。

A．1/4～1/3　　B．1/5～1/4　　C．1/2～1　　D．1/3～1/2

2．加工套类工件时的定位基准是（　　）。

A．端面　　B．外圆　　C．内孔　　D．外圆或内孔

3．套类工件的毛坯类型与（　　）有关。

A．所用材料　　B．结构和形状　　C．尺寸大小　　D．加工方法

四、简答题

防止套类工件变形的工艺措施有哪些？

五、应用题

图 10–2 所示为砂轮卡盘体零件图，材料为 HT200 铸件，毛坯尺寸为 ϕ96 mm × 56 mm。按单件生产拟定其工艺过程，填入表 10–2 所列的机械加工工艺卡中。

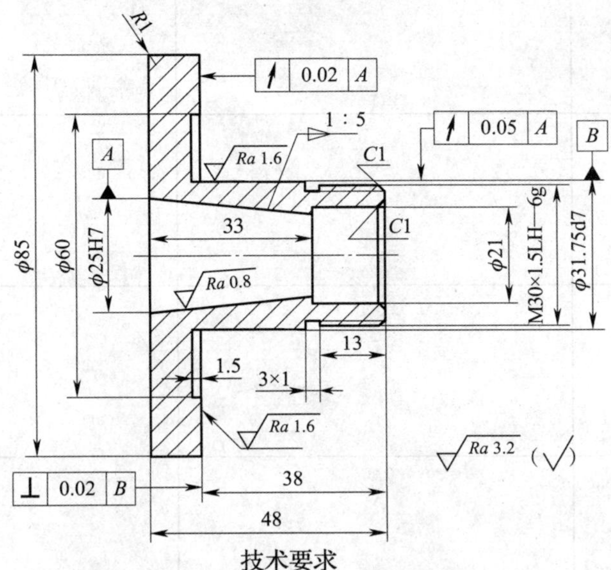

技术要求

1. 锥度为1 : 5的内圆锥面用涂色法检验，接触面积不小于60%。
2. 未注倒角为C0.2。

图 10–2

表 10–2　砂轮卡盘体机械加工工艺卡

工序号	工序名称	工序内容	定位基准	加工设备

续表

工序号	工序名称	工序内容	定位基准	加工设备

§10—3 箱体零件加工

一、填空题（将正确答案填写在横线上）

1. 箱体是各类机器的重要________件，它将机器中有关部件的轴、套、齿轮等相关零件连接成一个________，使这些零件保持正确的________位置，并按一定的________关系协调地工作。

2. 箱体的结构形式虽然多种多样，但其主要特点仍有共同之处：________复杂，壁薄且不均匀，内部呈________，既有精度要求较高的________和平面，也有许多精度要求较低的紧固孔。

3. 一般箱体主要平面的平面度公差为________mm，表面粗糙度值为________μm，各主要平面对装配基准面的垂直度公差为 0.1 mm/300 mm。

4. 粗基准是为了保证各加工面和孔的加工余量均匀，而精基准则是为了保证________和尺寸的精度。

5. 加工平面或孔系时，应贯彻先主后次原则，即先加工________或________。

6. 为消除内应力，减少箱体在使用过程中的变形，保持精度稳定，铸造后一般均需进行________处理。

7. 箱体上若干有相互位置精度要求的孔的组合称为孔系。孔系可分为________孔系、________孔系和________孔系。

8. 找正法是在通用机床（镗床、铣床）上利用________工具找正所要加工孔正确位置的加工方法。

9. 箱体加工的关键是________加工。

二、判断题（正确的，在括号内打“√”；错误的，在括号内打“×”）

1. 箱体的制造精度将直接影响机器的性能和使用寿命。（　）

2. 为了减小毛坯制造时产生的残余应力，应尽量使箱体壁厚均匀，并在浇注后安排时效处理或退火工序。（　）

3. 实际生产中，常以箱体上的主要孔为粗基准，限制两个自由度，辅以内壁或其他毛坯孔为辅助基准，以达到完全定位的目的。（　）

4. 在大多数工序中，箱体利用底面（或顶面）及两孔作为定位基准加工其他平面和孔系，以避免由于基准转换而带来的累积误差。（　）

5. 箱体上的装配基准一般为箱体孔。（　）

三、选择题（将正确答案的代号填写在括号内）

1. 箱体的装配基准是（　）。

A. 主要平面　B. 主要孔　C. 内壁　D. 其他平面

2. 箱体类零件的加工顺序是（　）。

A. 基准面先行　B. 平面先行

C. 基准孔先行　D. 精度高的加工面先行

3．铸铁箱体毛坯上直径大于（　　）mm 的孔大都预先铸出，以减小孔的加工余量。

A．13　　B．18　　C．20　　D．30

4．箱体利用底面（或顶面）及两孔作为定位基准时，限制（　　）个自由度。

A．3　　B．4　　C．5　　D．6

5．为了避免基准不重合误差，一般以（　　）作为箱体上的定位基准。

A．孔的设计基准　　B．平面的设计基准

C．平面的测量基准　　D．孔的测量基准

四、简答题

1．箱体类零件的加工顺序安排原则有哪些？

2．平行孔系的加工方法有哪几种？

3．简述单件、小批量生产时箱体类零件的基本工艺过程。

4．简述大批量生产时箱体类零件的基本工艺过程。

§10—4 丝杠加工

一、填空题（将正确答案填写在横线上）

1．丝杠是将________运动变成________运动的传动零件，其螺纹属于________螺纹。丝杠不仅能准确地传递运动，而且还能传递一定的________。

2．丝杠按其摩擦特性不同，可分为________丝杠、________丝杠及________丝杠三大类。

3．按机械行业标准《机床梯形丝杠、螺母　技术条件》（JB/T 2886—2008）规定，机床丝杠根据用途及使用要求分为______个等级，其中______级精度最高。

4．丝杠有________丝杠和________丝杠之分，前者耐磨性较好，能较长时间保持精度。

5．在丝杠加工过程中，________为主要定位基准，但因丝杠为细长轴，刚度很低，加工时需用________。

6．每次加工螺纹时，都要先加工丝杠________，然后以两端________和外圆作为定位基准加工螺纹，逐步提高螺纹的加工精度。

7．热校直是把丝杠毛坯加热到正火温度________℃，保温________min，然后放在三个滚筒之间校直。

8．对于普通机床丝杠，在粗加工阶段工件弯曲较大，采用________的方法进行校直；但在螺纹半精加工以后，工件的弯曲已变小，可采用________的方法进行校直。

9．丝杠加工过程中的热处理可以分为________、________、________三类。

10．机械加工中安排时效处理的目的是消除________，以便使丝杠精度保持稳定。

11．丝杠螺纹的加工有________削、________削和________削三种方法。

12．旋风铣削螺纹实质上就是用硬质合金刀具高速________削螺纹。

13．对于________丝杠的精加工，通常采用螺纹磨床磨螺纹。

14．不淬硬丝杠材料有________钢、易切削钢 Y40Mn 和具有珠光体组织的优质碳素工具钢________、________等。

15．在编制丝杠工艺规程时，需要考虑如何________、________和提高螺距精度等问题。

二、判断题（正确的，在括号内打“√”；错误的，在括号内打“×”）

1．丝杠是细而长的柔性轴，它的长径比为 20～50，刚度较低。（　　）

2．在丝杠加工过程中，中心孔为主要定位基准。（　　）

3．精度要求高的丝杠，时效处理次数要少一些。（　　）

4．铣削螺纹质量比车削螺纹质量高。（　　）

5．通常旋切头旋转轴线与工件轴线相交一螺纹中径升角 λ，使切削平面与中径处的螺旋线相切。（　　）

三、选择题（将正确答案的代号填写在括号内）

1．丝杠（　　）的选择是保证丝杠质量的关键。

A．加工方法　　B．材料　　C．热处理方法　　D．加工顺序

2．为了纠正丝杠加工过程中的弯曲变形，在丝杠加工过程中常安排（　　）工艺。

A．校直　　B．车削　　C．镦粗　　D．铣削

3．毛坯热处理的目的是消除锻造或轧制时毛坯中产生的内应力，细化晶粒，改善（　　）性能。

A．物理　　B．化学　　C．切削加工　　D．铸造

4．对材料为45钢的普通丝杠，毛坯的热处理采用（　　）。

A．淬火　　B．正火　　C．退火　　D．球化退火

5．对于材料为T10A或9Mn2V的丝杠，毛坯的热处理采用（　　），以获得稳定的球状珠光体组织。

A．淬火　　B．正火　　C．退火　　D．球化退火

四、简答题

1．丝杠的材料一般应满足哪些要求？

2．机床丝杠根据用途及使用要求分为哪七个等级？哪个等级精度最高？

第十一章　复杂零件加工

§11—1　曲轴零件加工

一、填空题（将正确答案填写在横线上）

1．曲轴是活塞式发动机的主要零件之一，用来将活塞的________运动转变为旋转运动。

2．曲轴工作时受到很大的转矩以及大小和方向都不断变化的________应力。

3．加工中曲轴在其自重和切削力的作用下会产生严重的________变形和________变形，特别是在单边传动的机床上，加工时的________变形更为严重。

4．曲轴的主轴颈和连杆轴颈的轴线平行而不重合，这一现象称为________，两轴线之间的距离称为________。

5．因为连杆轴颈的存在，曲轴重心和主轴颈及连杆轴颈的轴线偏移，在车床上加工时会产生________和________，影响轴颈的加工精度。

6．曲轴不转，而刀具绕曲轴旋转作为________的工艺方法可以避免加工中的不平衡。

7．一般在大批量生产曲轴时按________的原则安排工艺过程，单件、小批量生产曲轴时尽可能使________。

8．对于精度要求较高的曲轴，其中心孔一般都应在精度较高的________上加工。

二、判断题（正确的，在括号内打“√”；错误的，在括号内打“×”）

1．连杆轴颈的轴线应与主轴颈的轴线平行并保持要求的偏心距。（　）

2．当曲轴连杆轴颈偏心距 $e \leqslant d/2$（d 为主轴颈直径）时，可将连杆轴颈的中心孔钻在主轴颈中心孔的同一端面上。（　）

3．为了提高曲轴刚度以减小变形，车削主轴颈时，可在两曲柄之间用螺栓、螺母支撑。（　）

4．曲轴与一般的轴不同，它的长径比较大，并具有连杆轴颈，因此曲轴的刚度很低。（　）

5．在各种生产规模中，与发动机的其他零件相比较，曲轴的加工工艺路线是比较长的，而且磨削工序占相当大的比例。（　）

6．曲轴中心孔的加工质量对曲轴的加工精度无影响。（　）

三、简答题

1．曲轴加工的特点有哪些？

2. 在曲轴加工过程中应该采用哪些措施防止曲轴变形？

§11—2　深孔零件加工

一、填空题（将正确答案填写在横线上）

1. 深孔加工就是对长径比（L/D）大于________的孔的加工。

2. 液压缸的材料一般有__________和______________两种。

3. 为解决刀具偏斜问题，深孔加工时宜采用__________旋转的方式以改进刀具导向结构。

4. 为解决深孔加工散热和排屑的问题，采用压力输送__________以冷却刀具和排出切屑。

5. 深孔加工的方法主要视其精度要求而定，对精度要求不高的孔常采用________和__________，对精度要求较高的孔则可采用__________、__________和滚压等。

6. 单件、小批量生产中的深孔钻削常采用接长的麻花钻在____________上进行。在成批生产中，常采用深孔钻头在____________机床上进行钻削。

7. 加工深孔用的钻头，一般孔径为 2 ~ 10 mm 的深孔基本采用________钻加工，孔径大于 18 mm 的深孔则采用__________钻加工。

8. 喷吸钻是利用了流体__________排出切屑的。

二、判断题（正确的，在括号内打“√”；错误的，在括号内打“×”）

1. 深孔加工中易产生孔的轴线歪斜。（　）

2. 为了排屑和冷却刀具，钻孔时每进给一段不长的距离即需将钻头从孔内退出。（　）

3. 喷吸钻比一般的内排屑深孔钻切削液流向稳定，排屑通畅，可显著地改进工作条件，提高钻孔效率。（　）

三、简答题

1. 深孔加工的特点有哪些？

2．针对深孔加工的特点，在加工时应采取哪些工艺措施？

3．简述喷吸钻的工作原理。

4．浮动镗孔的特点有哪些？

5．什么是深孔滚压？被滚压的表层金属有什么变化？

§11—3 连 杆 加 工

一、填空题（将正确答案填写在横线上）

1．连杆的形状复杂且不规则，而孔本身及孔与平面之间的________一般要求较高；杆身断面不大，刚度较低，易变形。

2．连杆材料一般采用 45 钢或 40Cr、45Mn2 等优质钢或________，也有采用

__________________的。

3．连杆毛坯的锻造工艺有两种方案：一是连杆体和盖__________锻造，二是连杆体和盖__________锻造。

4．从锻造后材料的组织来看，分开锻造的连杆盖金属纤维是__________的，因此具有较高的强度；而整体锻造的连杆，铣削后连杆盖的金属纤维是__________的，因而削弱了强度。

5．连杆加工工艺过程的大部分工序都采用统一的定位基准：一个__________、__________和工艺凸台。

6．由于连杆的外形不规则，为了定位需要，在连杆体大头处加工出工艺凸台，作为__________基准面。

7．连杆工艺过程可分为__________、__________、__________三个阶段。

8．连杆体和盖合并前的加工阶段为__________阶段。连杆体和盖合并后的加工阶段为__________阶段。

二、判断题（正确的，在括号内打“√”；错误的，在括号内打“×”）

1．钢制连杆都用模锻制造毛坯。（　　）

2．在大、小头孔的加工中，镗孔是保证精度的主要方法。（　　）

三、选择题（将正确答案的代号填写在括号内）

1．连杆的（　　）是连杆加工过程中最主要的定位基准面。

A．两端面　B．大头孔　C．小头孔　D．工艺凸台

2．连杆加工中的关键工序是（　　）。

A．两端面　B．大、小头孔　C．肩胛面　D．工艺凸台

3．珩磨大头孔、精镗小头孔属于（　　）阶段。

A．粗加工　B．半精加工　C．精加工　D．光整加工

4．小头孔首道工序为（　　）加工。

A．车削　B．钻削　C．磨削　D．镗削

5．大头孔首道工序为（　　）加工。

A．车削　B．钻削　C．磨削　D．粗镗（或扩孔）

6．大、小头孔的（　　）是保证孔的尺寸精度、形状精度和表面质量不可缺少的加工工序，一般有珩磨、金刚镗、脉冲式滚压三种方案。（　　）

A．粗加工　B．半精加工　C．精加工　D．光整加工

四、简答题

1．连杆的结构有什么特点?

2. 连杆工艺过程可分为哪三个阶段？各阶段加工的内容有哪些？

3. 连杆主要表面的加工方法有哪些？

第十二章　机械装配工艺

§12—1　装配工艺概述

一、填空题（将正确答案填写在横线上）

1. 将若干零件拼装成部件的过程称为________；将若干零件和部件拼装成产品的过程称为________，简称________。

2. 一般情况下，装配单元可分为零件、合件、________、________和产品五级。

3. ________是产品制造的基本单元，也是组成产品的最小单元。

4. 机械产品装配是产品制造过程中最后一个阶段，它包括准备、________、校正、________、配作、平衡、验收及试验等一系列工作。

5. 机械装配中的连接一般有________连接和________连接。

6. 常见的可拆卸连接有________连接、________连接、销钉连接等。

7. 根据被连接工件的不同，螺纹连接有________连接、________连接、________连接。

8. 键连接主要用于轴与轴上旋转零件的________固定，并传递转矩。

9. 销钉连接主要用作________，也可用于实现轴与轴上零件之间的________固定和________固定。

10. 销钉有圆柱销和圆锥销两种，圆柱销用于________的场合，圆锥销用于________的场合。

11. 常见的不可拆卸连接有________、________、过盈连接等。

12. 配作通常是指________、________、配刮及配磨等，它们是装配中附加的一些钳工和机械加工工作。

13. 平衡是一个消除不平衡的过程，有________平衡和________平衡两种方法。盘类零件一般采用________平衡法，轴类零件一般采用________平衡法。

14. 机器或部件装配后实际几何参数与________参数的符合程度称为装配精度。

15. 装配精度一般包括零部件间的________精度、________精度、________精度、接触精度等。

16. 相对运动精度是产品中有相对运动的零部件间在________方向和相对________上的精度。

17. 接触精度常以接触________的大小及接触________的分布来衡量。

18. 减速器总装的基准件是________，整个减速器由三个组件组成，即________组件、________组件和锥齿轮轴—轴承套组件。

19．减速器的装配分为四个阶段，即准备阶段、__________阶段、调整和精度检验阶段以及运转试验阶段。

20．零件的试装又称试配，是为保证产品总装质量而进行的各连接部位的局部__________装配。

二、判断题（正确的，在括号内打“√”；错误的，在括号内打“×”）

1．机械产品的质量最终是由装配来保证的。（　　）

2．如果装配工艺水平不高，即使采用高质量的零件，也会装出质量差甚至不合格的产品。（　　）

3．零件精度是保证装配精度的基础，装配精度完全取决于零件精度。（　　）

三、选择题（将正确答案的代号填写在括号内）

1．车床的主轴箱属于（　　）。

A．零件　B．合件　C．组件　D．部件

2．机械产品制造过程中的最后一个阶段是（　　）。

A．下料　B．磨削　C．装配　D．热处理

3．属于可拆卸连接的是（　　）。

A．螺纹连接　B．粘接　C．焊接　D．铆接

四、名词解释

1．装配

2．合件

3．组件

4．部件

五、简答题

1．装配工作主要包括哪些基本内容？

2．什么是装配精度？装配精度一般包括哪些内容？

3．减速器的装配分为哪四个阶段？

§12—2　装配尺寸链计算

一、填空题（将正确答案填写在横线上）

1．装配尺寸链是产品或部件在装配过程中，由相关零件的______________或______________关系所组成的尺寸链。

2．工艺尺寸链和装配尺寸链都是由__________环和__________环组成的，组成环同样分为__________环和__________环。

3．工艺尺寸链和装配尺寸链同样都具有__________性和__________性。

4．装配尺寸链中的__________环则是由对装配精度有直接影响的相关零件的具体尺寸组成的，一个零件只能有________个尺寸（组成环）列入装配尺寸链。

5．按照各环的几何特征和所处的空间位置，装配尺寸链可分为__________尺寸链、__________尺寸链和__________尺寸链，其中最常见的是__________尺寸链和__________尺寸链。

6．直线尺寸链是由彼此__________的直线尺寸所组成的尺寸链，它所涉及的都是

__________尺寸精度问题。

7．角度尺寸链是由角度（含平行度与垂直度）尺寸所组成的尺寸链，其组成环的几何特征多为__________或__________。这种尺寸链的一个重要特点是组成环的公称尺寸都等于________。

8．当运用装配尺寸链去分析和解决装配精度问题时，首先要正确地建立装配尺寸链，即正确地确定________环，并根据________环的要求查明各组成环。

9．装配尺寸链的计算方法有__________法和__________法两种。

二、判断题（正确的，在括号内打“√”；错误的，在括号内打“×”）

1．装配尺寸链的组成环就是装配时所要求保证的装配精度。（　）

2．装配尺寸链的建立是在产品或部件装配图上进行的。（　）

3．一般产品的装配精度指标就是增环。（　）

4．装配尺寸链的组成应采用最长路线（环数最多）原则。（　）

5．当同一装配结构在不同位置方向有装配精度要求时，应按不同方向分别建立装配尺寸链。（　）

三、选择题（将正确答案的代号填写在括号内）

1．装配尺寸链都是由（　　）组成的。

A．增环　　B．减环　　C．封闭环

2．装配尺寸链具有（　　）特性。

A．封闭性　　B．关联性　　C．唯一性　　D．多样性

四、简答题

1．工艺尺寸链和装配尺寸链有哪些相同点和不同点？

2．简述装配尺寸链的建立方法和步骤。

3．在建立装配尺寸链时应注意哪些事项？

§12—3　装配方案及其选择

一、填空题（将正确答案填写在横线上）

1．装配生产中保证产品精度的具体方法有许多种，归纳起来可分为____________装配法、____________装配法、____________装配法和调整装配法四大类。

2．完全互换装配法的实质是靠控制零件的____________来保证产品的装配精度。

3．由于一条装配尺寸链中有多个未知数，计算时需要选择一个容易加工的尺寸作为____________。

4．组成环（除协调环外）公差带位置按____________原则标注。对于内尺寸（孔），其尺寸偏差按____________配置；对于外尺寸（轴），其尺寸偏差按____________配置。

5．分组装配法是指装配前将互配的零件____________分组，装配时按对应组进行装配以达到精度的方法。

6．调整装配法适用于____________环公差要求较严而____________环又较多的装配尺寸链。

二、判断题（正确的，在括号内打"√"；错误的，在括号内打"×"）

1．采用完全互换法进行装配，可以使装配过程简单，生产效率高，易于组织流水作业及自动化装配。（　　）

2．确定协调环的原则是结构简单，非标准件，不能是几个尺寸链的公共环，方便加工和测量。（　　）

3．分组装配法又称分组互换法，顾名思义，零件能在本组内互换。（　　）

4．分组装配法虽然增加了测量、分组的工作量，但降低了零件的加工精度要求，降低了成本。（　　）

5．采用分组装配法时，只能放大尺寸公差，而几何公差和表面粗糙度值不能放大。（　　）

6．可动调整法在调整过程中需要拆卸零件。（　　）

7．可动调整装配法适用于对刚度要求较高、不需要经常调整间隙的机构。（　　）

8．固定调整装配法适用于对刚度要求较低、对配合要求较高且需要经常调整间隙的机构。（　　）

三、选择题（将正确答案的代号填写在括号内）

1．（　　）装配法多用于较高精度的少环尺寸链或低精度的多环尺寸链中，如汽车、自行车和轴承等。

A．完全互换　　B．分组　　C．修配　　D．调整

2．（　　）装配法适用于大批量生产的高精度少环尺寸链，多用于孔、轴配合。

A．完全互换　　B．分组　　C．修配　　D．调整

3．（　　）装配法多用于单件、小批量生产以及装配精度要求高的场合。

A．完全互换　　B．分组　　C．修配　　D．调整

4．（　　）装配法适用于封闭环公差要求较严而组成环又较多的装配尺寸链，在汽车、

拖拉机、自行车等产品中应用广泛。

A．完全互换　　B．分组　　C．修配　　D．调整

四、名词解释

1．完全互换装配法

2．分组装配法

3．修配装配法

4．调整装配法

五、简答题

1．简述完全互换装配法尺寸链的计算方法和步骤。

2．采用分组装配法应注意哪些问题？

3．调整装配法有什么特点？其适用场合有哪些？

§12—4　装配工艺规程的制定

一、填空题（将正确答案填写在横线上）

1．机械装配的生产类型按装配生产批量可分为________生产，________生产及单件、小批量生产三种。

2．装配的组织形式一般可分为________式装配和________式装配两大类。

3．产品验收的技术条件主要规定了产品主要技术性能的________和________工作的内容及方法，是制定装配工艺规程的主要依据之一。

4．大批大量生产的产品应尽量采用________的装配设备及工具，如机器人组成的自动装配流水线。成批生产及单件、小批量生产多采用________装配方式。

5．制定装配工艺时，首先要仔细地研究产品的________及________技术条件。

6．产品装配工艺方案的制定与装配的________形式有关。

7．装配组织形式主要取决于产品________和________。

8．装配单元的划分就是从工艺角度出发，将产品分解成________装配的组件及各级分组件，是装配工艺制定中极重要的一项工作。

9．在确定产品各级装配单元的装配顺序时，首先要选择装配________件。

10．在绘制装配单元系统图时，先画出一条横线，在横线的________端画出代表基准件的长方格，在横线的________端画出代表产品的长方格。

11．主轴是车床的关键部件之一，在工作时承受很大的________力，故要求具有足够的________和较高的________。

12．主轴装配的顺序如下：主轴________装入箱体，________的零件先装到主轴上，________的零件后装到主轴上。

二、判断题（正确的，在括号内打“√”；错误的，在括号内打“×”）

1．单件、小批量生产多采用固定式装配或固定式流水装配进行总装，同时对批量较大的部件也可采用流水装配。（　　）

2．装配工作组织得好坏，对装配效率的高低和装配周期的长短均有较大的影响。（　　）

3．当产品的批量较大时，为提高装配效率，可将产品的装配分成部装和总装，分别由几组工人在不同的工作地点同时进行。（　　）

4．批量很大的定型产品可采用自动装配线进行装配。（　　）

5．部件是组成产品的最基本单元。（　　）

6．装配单元的编号可以与装配图及零件明细表中的编号不一样。（　　）

7．在单件、小批量生产时，通常不制定装配工艺卡片，工人按装配图和装配工艺系统图进行装配。（　　）

8．合理的装配顺序是在不断的实践中逐步形成的。（　　）

三、选择题（将正确答案的代号填写在括号内）

1．采用（　　）时，装配过程分得较细，每个工作地点重复完成固定的工序，广泛采用专用设备及工具，生产效率很高，多用于大批大量生产。

A．移动式装配　B．固定式装配　C．自动装配线　D．以上选项均正确

2．装配时不便移动的重型机械宜采用（　　）。

A．移动式装配　B．固定式装配　C．自动装配线　D．以上选项均正确

3．主轴部件的装配基准件是（　　）。

A．主轴　B．轴承　C．主轴箱　D．齿轮

四、名词解释

1．装配工艺规程

2．固定式装配

3．移动式装配

五、简答题

1．制定装配工艺规程应遵循哪些原则？

2．制定装配工艺规程所需的原始资料有哪些？

3．装配工艺规程的内容有哪些？